普通高等学校网络工程专业教材

U0368397

服务器配置与管理
—— Windows Server 2022

刘邦桂　刘嘉伟　主　编

黄　锐　陈　信　陈思畅　副主编

清华大学出版社

北 京

内 容 简 介

本书基于 Windows Server 2022 操作系统平台，深入贯彻我国高等职业教育的"理论够用、实用、强化应用"的教学理念。全书紧密围绕实际项目，通过项目导向的学习方式，将核心知识点以碎片化的形式进行组织，使读者能够更高效地掌握所学内容。每个项目都包含深入的分析、详细的实施步骤以及测试过程，同时搭载项目经验总结，帮助读者在实际操作中积累宝贵的经验。

本书共分为 12 个项目，全面覆盖 Windows Server 2022 的核心技术领域，包括活动目录服务、DNS 服务器、DHCP 服务器、文件服务器、Web 服务器、FTP 服务器、E-mail 服务器、证书服务器、VPN 服务器、NAT 服务器和虚拟化服务等领域的配置与管理。每个项目后都搭载了实训项目和习题，旨在帮助读者巩固知识、提升实践能力。

本书不仅适合作为高等职业教育电子信息类专业及其他相关课程的教材，也适合作为企事业单位在职人员的培训用书，以及广大工程技术人员和自学者的参考用书。通过本书的学习，读者将能够全面掌握 Windows Server 2022 操作系统的管理与应用技能，为未来的职业发展奠定坚实的基础。

图书在版编目（CIP）数据

服务器配置与管理：Windows Server 2022 / 刘邦桂，刘嘉伟主编. -- 北京：清华大学出版社，2025.5. --（普通高等学校网络工程专业教材）. -- ISBN 978-7-302-68581-4

Ⅰ. TP316.86

中国国家版本馆 CIP 数据核字第 2025X77F76 号

责任编辑：郭　赛　薛阳
封面设计：常雪影
责任校对：申晓焕
责任印制：刘　菲

出版发行：清华大学出版社
　　　网　　　址：https://www.tup.com.cn，https://www.wqxuetang.com
　　　地　　　址：北京清华大学学研大厦 A 座　　　　邮　　编：100084
　　　社 总 机：010-83470000　　　　　　　　　　　　邮　　购：010-62786544
　　　投稿与读者服务：010-62776969，c-service@tup.tsinghua.edu.cn
　　　质量反馈：010-62772015，zhiliang@tup.tsinghua.edu.cn
　　　课件下载：https://www.tup.com.cn，010-83470236
印 装 者：三河市铭诚印务有限公司
经　　销：全国新华书店
开　　本：185mm×260mm　　　　印　　张：26　　　　字　　数：633 千字
版　　次：2025 年 5 月第 1 版　　　　　　　　　　印　　次：2025 年 5 月第 1 次印刷
定　　价：69.90 元

产品编号：106497-01

FOREWORD

前　言

在数字化与人工智能交织的时代,网络操作系统的管理和应用能力已成为现代信息技术人才不可或缺的核心技能。物联网技术的发展更是把网络服务器推向了轻量级智能部署的发展方向,因此面对日益复杂和智能化的网络环境,熟练掌握 Windows Server 2022 这一领先的服务器操作系统显得尤为关键。本书旨在培养读者在管网和用网方面的综合能力,以适应现代网络环境下的挑战和需求,特别是在人工智能和网络系统集成领域。

"网络系统集成工作室"作为专注于网络系统集成和技术创新的团队,通过多年的项目实践,积累了丰富的经验和技能。本书正是基于这些宝贵的经验,结合 Windows Server 2022 的前沿技术,为读者呈现一本既实用又具有前瞻性的教材。通过本书的学习,读者将能够深入掌握 Windows Server 2022 的核心技术,包括活动目录服务、DNS 服务器、DHCP 服务器、文件服务器、Web 服务器、FTP 服务器、E-mail 服务器、证书服务器、VPN 服务器、NAT 服务器和虚拟化服务等领域的配置与管理。同时,本书还将分享工作室成员们在实践中遇到的挑战、解决方案以及心得体会,帮助读者更好地理解和应用所学知识。

本书紧密结合真实的企业网络项目和人工智能应用场景,通过精心设计的 72 个学时任务,让读者在实践中掌握理论知识和操作技能。同时,本书配备了丰富的多媒体资源,包括 PPT、微视频等,以便读者实现"教学做一体化"的高效学习。

本书主编是广东理工职业学院的刘邦桂、刘嘉伟老师,副主编由工作室成员黄锐、陈信、陈思畅担任。在本书编写过程中,我们参考了专业相关的资料和文献,并得到了广东云政数据科技有限公司、广东腾科网络技术有限公司、深圳神州动力数码有限公司的宝贵指导和帮助。在此,我们向所有为本书编写提供支持和帮助的良师益友、资料原作者表示衷心的感谢。正是有了你们的支持和帮助,本书才得以顺利完成。

我们深知,在人工智能这一大环境下,网络操作系统的管理和应用能力将持续面临新的挑战和机遇。因此,我们诚挚地欢迎广大读者和专家提出宝贵的批评和建议,共同推动知识的进步和完善。同时,我们也希望本书能够成为您

FOREWORD

在网络系统集成和人工智能领域学习和实践的得力助手。

让我们携手进入这个充满挑战与机遇的数字化与人工智能时代，共同探索和学习网络操作系统的管理与应用！

编　者
2025 年 4 月

CONTENTS

目 录

CONTENTS

CONTENTS

CONTENTS

C O N T E N T S

C O N T E N T S

CONTENTS

项目1　Windows Server 2022环境部署

本章系统介绍网络操作系统的基本概念,网络操作系统的分类、Windows Server 2022操作系统等基础知识,让读者掌握Windows Server 2022的安装与配置、VMware Workstation的安装与配置、Windows Server 2022的基本管理、VMware Workstation下网络的设置等环境搭建基本技能。

通过本章的学习读者应该完成以下目标:
- 理解网络操作系统的基本概念;
- 掌握Windows Server 2022的安装、配置与基本管理;
- 掌握VMware Workstation 17的安装、配置与基本管理。

1.1　项目背景

五桂山公司现在计划设计各种应用服务供公司全体员工使用,为了后续部署Windows Server 2022系统,现在有一台安装有Windows 10的计算机供项目实施前的测试。

1.2　知识引入

1.2.1　什么是网络操作系统

网络操作系统(Network Operation System,NOS)是一种能代替操作系统的软件程序,是网络的心脏和灵魂,是用户与网络资源之间的接口,是向网络计算机提供服务的特殊的操作系统。它在计算机操作系统下工作,使计算机操作系统增加了网络操作所需要的能力。网络为了达到互相传递数据与各种消息的目的,分为服务器(Server)及客户端(Client)两个角色。服务器的主要功能是管理服务器和网络上的各种资源和网络设备的共用,加以统合并管控流量,避免有瘫痪的可能性;而客户端就是有着能接收服务器所传递的数据来运用的功能,好让客户端可以清楚地搜索所需的资源。

NOS与运行在工作站上的单用户操作系统(如Windows系列)或多用户操作系统(UNIX、Linux)由于提供的服务类型不同而有所差别。一般情况下,NOS是以使网络相关特性达到最佳为目的的,如共享数据文件、软件应用,以及共享硬盘、打印机、调制解调器、扫描仪和传真机等。一般计算机的操作系统,如DOS和OS/2等,其目的是让用户与系统及在此操作系统上运行的各种应用之间的交互作用最佳。

由于网络技术的出现和发展,现代操作系统的主要特征之一就是具有上网功能,因此,除了在20世纪90年代初期,Novell公司的Netware等系统被称为网络操作系统之外,人们一般不再特指某个操作系统为网络操作系统。

1.2.2　模式分类

1. 集中模式

集中式网络操作系统是由分时操作系统加上网络功能演变来的。系统的基本单元是由一台主机和若干台与主机相连的终端构成，信息的处理和控制是集中的。UNIX 就是这类系统的典型。

2. 客户机/服务器模式

这种模式是最流行的网络工作模式。服务器是网络的控制中心，并向客户提供服务。客户是用于本地处理和访问服务器的站点。

3. 对等模式

采用这种模式的站点都是对等的，既可以用于客户访问其他站点，又可以作为服务器向其他站点提供服务。这种模式具有分布处理和分布控制的功能。

1.2.3　网络操作系统的分类

1. Windows 类

这是全球最大的软件开发商——Microsoft（微软）公司开发的。微软公司的 Windows 系统不仅在个人操作系统中占有绝对优势，它在网络操作系统中也具有非常强劲的力量。这类操作系统的配置在整个局域网配置中是最常见的，但由于它对服务器的硬件要求较高，且稳定性能不是很高，所以微软的网络操作系统一般只是用在中低档服务器中，高端服务器通常采用 UNIX、Linux 或 Solaris 等非 Windows 操作系统。在局域网中，微软的网络操作系统主要有：Windows NT 4.0 Server、Windows 2000 Server/Advance Server、Windows Server 2003 / Advance Server 以及最新的 Windows Server 2022 等，工作站系统可以采用任一 Windows 或非 Windows 操作系统，包括个人操作系统，如 Windows 7、Windows 10、Windows 11 等。

2. NetWare 类

NetWare 操作系统虽然远不如早几年那么风光，在局域网中早已失去了当年雄霸一方的气势，但是 NetWare 操作系统仍以对网络硬件的要求较低而受到一些设备比较落后的中小型企业，特别是学校的青睐。人们一时还忘不了它在无盘工作站组建方面的优势，还忘不了它那毫无过分需求的大度。且因为它兼容 DOS 命令，其应用环境与 DOS 相似，经过长时间的发展，具有相当丰富的应用软件支持，技术完善且可靠。目前常用的版本有 3.11、3.12、4.10、V4.11 和 V5.0 等中英文版本，NetWare 服务器对无盘系统和游戏的支持较好，常用于教学网和网吧。目前这种操作系统的市场占有率呈下降趋势，这部分市场主要被 Windows Server 和 Linux 系统瓜分了。

3. UNIX 系统

目前常用的 UNIX 系统版本主要有：UNIX SUR4.0、HP-UX 11.0 和 Sun 的 Solaris 1.0 等。支持网络文件系统服务，提供数据等应用，功能强大，由 AT&T 和 SCO 公司推出。这种网络操作系统的稳定性和安全性能非常好，但由于它多数是以命令方式来进行操作的，不容易掌握，特别是对初级用户。正因如此，小型局域网基本不使用 UNIX 作为网络操作系统，UNIX 一般用于大型的网站或大型的企事业局域网中。UNIX 网络操作系统历史悠久，其良好的网络管理功能已为广大网络用户所接受，拥有丰富的应用软件的支持。目前

UNIX 网络操作系统的发行版有：AT&T、SCO 的 UNIX SVR3.2/SVR4.0/SVR4.2 等。UNIX 本是针对小型机主机环境开发的操作系统，是一种集中式分时多用户体系结构。因其体系结构不够合理，UNIX 的市场占有率呈下降趋势。

4. Linux 类

这是一种新型的网络操作系统，它的最大特点就是源代码开放，可以免费得到许多应用程序。目前有国内的 Linux 发行版，例如银河麒麟(KylinOS)、红旗 Linux 等。以及许多国际上知名的发行版，例如 Ubuntu(乌班图)、CentOS、REHL(红帽)、Debain 等。这类操作系统在国内得到了用户充分的肯定，主要体现在它的安全性和稳定性方面，它与 UNIX 有许多类似之处。但目前这类操作系统仍主要应用于中高档服务器中。

总的来说，对特定计算环境的支持使得每一个操作系统都有适合于自己的工作场合，这就是系统对特定计算环境的支持。例如 Windows 2000 Professional 适用于桌面计算机，Linux 目前较适用于小型的网络，而 Windows Server 2022 和 UNIX 则适用于大型服务器应用程序。因此，对于不同的网络应用，需要我们有目的地选择合适的网络操作系统。

1.2.4　Windows Server 2022

1. 简介

Windows Server 2022 是微软公司研发的服务器操作系统，于 2021 年 11 月 5 日发布。Windows Server 2022 建立在 Windows Server 2019 的基础之上，在三个关键主题上引入了许多创新：安全性、Azure 混合集成和管理以及应用程序平台。此外，可借助 Azure 版本，利用云的优势使 VM 保持最新状态，同时最大限度地减少停机时间。截至 2022 年 6 月 14 日，Windows Server 2022 正式版已更新至内部版本 20348.768。

2. 版本与特性

Windows Server 2022 目前共有三个版本，分别为 Standard、Datacenter 和 Datacenter：Azure Edition。其中 Standard 为最基础版本，有部分功能限制，例如当作为 Hyper-V 主机使用时仅允许在其之上运行 2 台虚拟机而 Datacenter 版本则无限制。而 Datacenter 与 Datacenter：Azure Edition 之间的区别则在于后者可接入至 Azure 扩展网络，可以进行热修补。

3. 与 Windows Server 2019 的对比

Windows Server 2022 作为 Windows Server 2019 的升级版主要更新了关于安全性的部分，增加了"硬件信任根""固件保护""基于虚拟化的安全性（VBS）"等功能。在网络传输方面将默认启用 HTTPS 和 TLS 1.3，新增了对安全 DNS 的支持，即通过基于 HTTPS 的 DNS 实现 DNS 名称解析请求的加密(简称 DoH)，还可以将 AES-256-GCM 和 AES-256-CCM 加密套件用于 SMB 加密使内部网络中的设备间文件传输更安全。除此之外，对于虚拟化和集群所需的功能也做了优化，例如优化了 Hyper-V 虚拟交换机的性能，增加了对 AMD 处理器的嵌套虚拟化。

1.2.5　VMware

从国际市场来看，VMware、微软和 Citrix 是目前在 x86 平台上主流的虚拟化厂商，占 96％的市场份额，但是 VMware 在服务器虚拟化上占有主导的地位，在微软进入虚拟化领域之前，市场基本被 VMware 占有，据 IDC 公司统计，VMware 公司在虚拟化市场的占有额在 85% 以上。在应用虚拟化方面,Citrix 是绝对的领导者,使其在远程桌面访问的效率和外设广泛支持性上,占有绝对的领先优势。相对于前两家公司,微软这个软件巨头显得稍微弱势一些,但是其有强大的技术实力做后盾,在虚拟化市场中逐渐确立了市场地位,并迅速占有了市场的一部分份额,由于微软固有的优势,使其在虚拟化方面具有很大的发展空间。

本书在最后一章将会详细介绍微软的虚拟化技术,这里为了方便读者进行下一步学习,重点讲解 VMware 公司的虚拟化技术。

VMware 公司是一家专门研究虚拟化软件的公司,也是全世界第三大软件公司,成立于 1998 年,由 Diance Greene、Mendel Rosenblum、Scott Devine、Edward Wang 等人创办,总部位于美国加利福尼亚州。

VMware 公司于 1999 年发布了第一款产品 VMware Workstation,经过发展,目前最新版本是 Workstation 17 Pro。最新版本支持 Windows 11,并适用 Windows Server 2022。

2001 年通过发布 VMware GSX Server(托管)和 VMware ESX Serve(不托管)宣布进入服务器市场。

2003 年 VMware 推出了 VMware Visual Center。

2004 年 VMware 推出了 64 位虚拟化支持版本,同一年被 EMC 收购。

2010 年 VMware vSphere 5.0 发布。

2015 年,VMware 在中国成立首家合资公司。

2019 年,VMware 推出 VMware Cloud on Dell EMC,为客户的本地数据中心及边缘提供简单、安全且可扩展的基础架构即服务。

2019 年 3 月 11 日,VMware 发布服务定义防火墙(Service-defined Firewall),这种内部防火墙缩小本地与云环境的攻击面。

2020 年 3 月 2 日,VMware 正式发布 VMware Partner Connect。

2022 年 11 月 17 日,VMware Workstation Pro 17.0 发布,内部版本为 20800274。

2023 年 11 月 22 日,博通公司(Broadcom)完成对 VMware 的收购。

1.3　项目过程

1.3.1　任务 1　VMware Workstation 的安装

❀ 任务分析

根据项目背景得知如下需求:五桂山公司将在企业内网搭建各种服务为公司员工所用。现有一台安装有 Windows 10 的计算机用于实施前的实验用,为充分利用这台计算机,我们可以利用 VMware Workstation 软件来做虚拟化,提高资源的利用率。接下来,将在此计算机上安装 VMware Workstation 来满足该需求。

❀ 任务实施过程

(1) VMware Workstation 目前的最新版本是 VMware Workstation 17.5.0,从 https://www.vmware.com/go/getworkstation-win 下载。

(2) 打开下载的可执行文件,进行解压缩,单击安装,进入安装向导,单击【下一步】按钮,如图 1-1 所示。

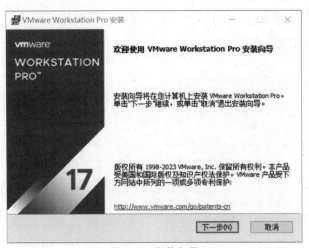

图 1-1 安装向导

（3）进入协议阅读许可界面，选择【我接受许可协议中的条款】，单击【下一步】按钮，如图 1-2 所示。

图 1-2 选择【我接受许可协议中的条款】

（4）进入安装路径的选择界面，选择好合适的路径，单击【下一步】按钮，如图 1-3 所示。

图 1-3 路径选择

（5）为保证实验稳定性，取消自动更新并关闭客户体验提升计划，如图1-4所示。

图1-4 取消自动更新并关闭客户体验提升计划

（6）选择放入系统的快捷方式，单击【下一步】按钮，如图1-5所示。

图1-5 选择快捷方式

（7）到这一步已基本完成安装前的准备工作，单击【安装】按钮，如图1-6所示。

图1-6 安装

（8）安装完成后，进入软件注册界面，单击【许可证】按钮，如图1-7所示。

（9）输入许可证密钥，单击【输入】按钮，结束软件的安装，如图1-8所示。

（10）打开软件的主界面，在【帮助】菜单下面，选择【关于VMware Workstation】选项，可以查看软件的详细信息，如图1-9所示。

图 1-7　安装完成

图 1-8　输入密钥

图 1-9　查看软件的详细信息

1.3.2 任务 2 安装 Windows Server 2022

❋ 任务分析

根据五桂山公司的需求,需要在 VMware Workstation 17 里面安装 Windows Server 2022,搭建实验所需环境。官方要求最低需要 2011 年或之后推出的兼容 64 位 x86/AMD64 CPU,1.3 GHz 或更快的内核频率。宿主机系统内存最少需要具有 2GB,建议 4GB 或更多。

要使支持的处理器运行 64 位客户机操作系统,主机系统必须使用以下处理器之一:具有 AMD-V 支持的 AMD CPU 或具有 VT-x 支持的 Intel CPU。笔者的设备配置为:处理器 Intel Core i7-11800H,内存 24GB(DDR4)。

实验前需要准备 Windows Server 2022 的安装镜像文件,镜像文件可以在 https://www.microsoft.com/zh-cn/evalcenter/download-windows-server-2022 或其他网站下载。

❋ 任务实施过程

1. 新建虚拟机

(1) 打开 VMware Workstation 的主界面,单击【文件】菜单下面的【新建虚拟机】选项,弹出新建虚拟机向导窗口,在单选框中选择【典型(推荐)(T)】选项,单击【下一步】按钮,如图 1-10 所示。

图 1-10 新建虚拟机向导

(2) 进入安装源选择界面,【安装程序光盘(D)】要求有 Windows Server 2022 安装光盘,我们选择【安装程序光盘映像文件(iso)(M)】,浏览下载的操作系统映像文件,软件自动完成文件的检测,单击【下一步】按钮,如图 1-11 所示。

(3) 输入系统密钥和用户信息界面,我们可以跳过,等系统安装好后再注册和创建用户密码,单击【下一步】按钮,如图 1-12 所示。

图 1-11 选择【安装程序光盘映像文件（Iso）（M）】

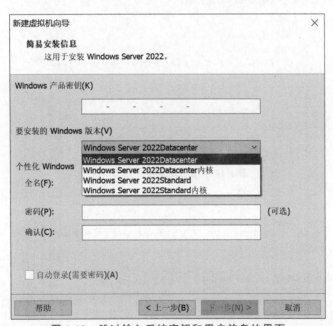

图 1-12 跳过输入系统密钥和用户信息的界面

（4）给待安装的虚拟机命名，并且选择合适的安装位置，单击【下一步】按钮，如图 1-13 所示。

（5）给虚拟机指定硬盘的容量，并且选择合适的安装位置，为了方便后期文件管理，选择【将虚拟磁盘存储为单个文件（O）】，单击【下一步】按钮，如图 1-14 所示。

（6）至此已经完成了虚拟机名称、安装位置、安装源以及虚拟机分配的硬盘、内存等信息的配置，单击【完成】按钮，就可以开始 Windows Server 2022 的安装，如图 1-15 所示。

图 1-13　命名虚拟机并选择合适的安装位置

图 1-14　指定虚拟机硬盘的容量

图 1-15　虚拟机创建完成

2. 安装

（1）单击【完成】按钮后打开虚拟机电源，待出现如图 1-16 所示的画面后需将鼠标移入虚拟机内并按键盘上的任意键进入安装界面。

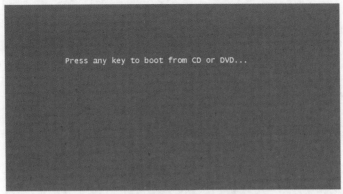

图 1-16　按任意键以进入安装程序

启动安装程序后，出现选择语言和时间等选项的对话框，完成后单击【下一步】按钮，如图 1-17 所示。

图 1-17　选择语言和时间等选项

（2）单击【现在安装】按钮，如图 1-18 所示。

（3）启动完以后进入版本选择。其中：

- Standard 版本针对服务密度较低，或是不部署虚拟化的企业用户，提供完整功能，但虚拟机安装授权数有限制，仅提供 2 台虚拟机的授权。
- Datacenter 版本为完整旗舰版，主要针对运行高度虚拟化以及混合云的企业用户，可以大规模部署虚拟化服务，可安装的虚拟机授权数量没有限制，但价格会更高。
- 服务器核心安装可减少所需的磁盘空间，在生产环境可根据需求选择服务器核心安装。
- 图形用户界面（Graphical User Interface，GUI）包含附加用户界面元素和图形管理工具，本书按最高版本安装。

图 1-18　安装界面

我们选择"Windows Server 2022 Datacenter Evaluation（Desktop Experience）"安装，如图 1-19 所示。

图 1-19　安装版本选择

（4）选择版本后单击【下一页】按钮进入协议提示，如图 1-20 所示。

安装类型的选择中，升级指的是保留原来系统的文件、设置和应用程序，在原来的基础上把系统升级到 Windows Server 2022。我这里是新建的磁盘，所以不存在升级的问题，如图 1-21 所示。

（5）单击【自定义安装】按钮，进入磁盘配置界面，选择默认的安装磁盘，单击【驱动器选项】，在选项中可以对硬盘进行格式化等操作，直接单击【下一页】按钮后开始安装，如图 1-22 所示。

（6）安装 Windows Server 2022 的过程中，首先是复制 Microsoft Server 操作系统文件，如图 1-23 所示。

图 1-20　协议提示

图 1-21　安装类型的选择

图 1-22　磁盘配置

图 1-23　复制 Microsoft Server 操作系统文件

（7）经过大概两次重启后输入用户名和密码，用户名和密码必须由大小写字母和数字组成，如图 1-24 所示。

图 1-24　设置登录密码

（8）输入完密码后进行系统配置即完成系统的安装，这时可以登录进系统，如图 1-25 所示。

图 1-25　启动系统

1.3.3　任务 3　配置 Windows Server 2022

❋ 任务分析

作为 Windows Server 2019 的继任者,在虚拟化方面的强势表现有助于云计算的进一步发展,Windows Server 2022 较前期的微软网络操作系统 Windows Server 2019,特别是 Windows Server 2012 有较大的区别,安装完系统,我们必须对系统的基本管理有一定的了解。

❋ 任务实施过程

1. 设置用户和用户组

用户账户可确定你与计算机交互的方式并可个性化计算机。例如,你的用户账户决定了你可以访问哪些文件和文件夹、可以对计算机执行什么更改以及你的个人首选项(例如桌面背景或屏幕保护程序)。如果你为其他人分别创建不同的账户,则他们无须具有相同的设置,这意味着你可以限制他们对你的文件、文件夹的访问权限,甚至是对其他账户提供不同的桌面背景。

用户账户中包含了用户账户管理和凭据管理器,凭据管理器将凭据(例如用户名和密码)存储在同一个方便的位置。这些凭据用于登录到网站或网络上其他计算机,它们都保存在你计算机中的特殊文件夹中。Windows 能够安全地访问这些文件夹,并使用你存储的凭据来帮你自动登录到网站或其他计算机。

(1)打开【控制面板】,如图 1-26 所示。

图 1-26　控制面板

(2)单击图 1-26 中的【更改账户类型】选项,可对账户信息进行编辑,及添加用户账户,如图 1-27 所示。

(3)单击【添加用户账户】选项。

(4)弹出【添加用户】界面,这里输入用户名、密码及密码提示。Windows Server 2022 默认要求用户的密码必须是强密码:

① 不能包含用户的账户名,不能包含用户姓名中超过两个连续字符的部分。

② 至少有 6 个字符长。

图 1-27　管理账户

③ 包含以下 4 类字符中的 3 类字符：

- 英文大写字母(A～Z)；
- 英文小写字母(a～z)；
- 基本数字(0～9)；
- 非字母字符(例如 !、$、#、%)。

如 A123456!。单击【下一步】按钮，即可完成添加用户，如图 1-28 所示。

图 1-28　添加用户

(5) 关于用户类型，有以下三种。

- 本地账户：适合日常使用。当你第一次开始使用计算机时，可能已经创建了这种类型的账户。本地账户包括了管理员账户，它可提供对计算机的最大程度的控制。若要帮助保护计算机(防止其他用户进行不符合你希望的更改),应谨慎使用管理员账户。如果要为计算机中的其他用户设置账户,你需要使用管理员账户。

- Microsoft 账户,Windows Server 不适用此选项。
- 来宾账户:适用于有人要暂时使用计算机的情况。可在"计算机管理→本地用户和组→用户"中启用计算机的来宾账户。

单击【完成】按钮即完成用户的创建。这时可以看到用户管理里返回用户界面,注销计算机后可用新建的用户来登录计算机,如图 1-29 所示。

图 1-29　完成创建

2. 修改服务器名及工作组

安装系统的时候,系统会提示一个通用的服务器名称。大多数情况下我们需要对服务器名称进行重新命名,以满足公司内部的命名规则。

(1) 首先,我们需要在【服务器管理器】的首页,单击【本地服务器】,如图 1-30 所示。

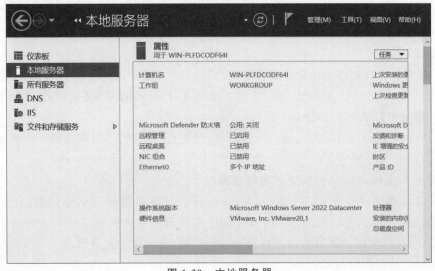

图 1-30　本地服务器

（2）如图 1-30 所示页面中,我们会看到计算机的名称,这是一个通用的名称,其修改方式也非常简单,我们只需要单击这个名称就会弹出图 1-31 所示的对话框。在弹出的【系统属性】对话框中,单击【计算机名】选项卡下的【更改】按钮,就会弹出【计算机名/域更改】界面,只要在这个界面中输入我们需要改的名称和工作组名即可完成,如图 1-31 所示。

图 1-31　计算机名/域更改

3. 防火墙管理

Windows Server 2022 中,Windows 防火墙默认状态下是启用的,而对于集团来说,它们都有基于整个公司的防火墙或安全措施,为方便后面的调试需要关闭 Windows Server 2022 自带的防火墙。

（1）在服务器管理器本地服务器首页,我们能够看到【Windows 防火墙】处于启用的状态,单击图中标红的地方就可以开始设置。单击图上页面的左侧【启用或关闭 Windows Defender 防火墙】,如图 1-32 所示。

（2）在这里我们先关闭防火墙,无论是专用网还是公用网,以便模拟相同公司各设备之间的访问,如图 1-33 所示。

4. 启用 Windows Server 2022 的远程桌面

远程桌面连接组件是从 Windows 2000 Server 开始由微软公司提供的,在 Windows Server 2022 中它默认是禁用的。启用该功能使得管理员管理服务器并不需要每次都在服务器中操作,可以使用计算机对服务器进行远程控制,方便维护人员管理。所以我们在这里需要启用这个被禁用的功能。

在【系统属性】对话框【远程】选项卡中,我们选中【允许远程连接到此计算机】选项,单击

图 1-32　防火墙的设置

图 1-33　自定义防火墙设置

【选择用户】按钮可以在其他选项内设定访问的用户。这样既能方便用户远程管理,也能保证计算机的使用安全,如图 1-34 所示。

图 1-34　启用 Windows Server 2022 的远程桌面

1.3.4　任务 4　VMware 中虚拟机的网络配置

※ 任务分析

根据五桂山公司的需求，虚拟机中安装的虚拟服务器需要正确配置网络，实现与虚拟主机的互通，才能模拟真实的施工场景。

VMware Workstation Pro 可根据需要创建虚拟交换机，默认情况下，虚拟交换机 VMnet0 会映射到一个桥接模式网络。我们可以在虚拟交换机 VMnet2 至 VMnet7 上创建自定义桥接模式网络。在 Windows 主机中，可以使用 VMnet0 至 VMnet19。在 Linux 主机中，也可以使用 VMnet10 至 VMnet255。

单击菜单【编辑】下面的【虚拟网络编辑器】选项，打开如图 1-35 所示的界面。

如需针对不同的虚拟主机的网络连接方式进行修改，则可通过右击虚拟机的名称，在弹出的快捷菜单中选择【设置】选项，在打开的【虚拟机设置】对话框中，在【硬件】的选项卡中选择【网络适配器】，在选项卡的右侧可对【网络连接】的类型进行选择，如图 1-36 所示。

安装完虚拟机后，默认安装了两个虚拟网卡，VMnet1 和 VMnet8。其中 VMnet1 是 host 网卡，用于 host 方式连接网络的。VMnet8 是 NAT 网卡。

VMware 提供了 5 种工作模式，它们是 bridged（桥接模式）、NAT（网络地址转换模式）、host-only（主机模式）、自定义模式和 LAN 区段模式。

图 1-35　虚拟网络编辑器

图 1-36　具体虚拟主机的网络设置

※ 任务实施过程

1. 桥接模式

在这种模式下,使用 VMnet0 虚拟交换机,与宿主计算机一样,它拥有一个独立的 IP 地址,就像是局域网中一台独立的主机,它可以访问局域网内任何一台机器。在桥接模式下,可以手动配置它的 TCP/IP 配置信息(IP、子网掩码等),以实现通过局域网的网关访问互联网;如果主机外面有 DHCP 服务器,还可以将 IP 地址和 DNS 设置成"自动获取",如图 1-37 所示。

图 1-37　桥接模式拓扑图

主机 A 和主机 B 及虚拟主机可以相互访问,虚拟主机的 IP 地址可以手动设置,也可以从 DHCP 主机自动获取,地位与主机 A、B 相等。

(1) 配置外部主机 IP 地址 10.6.64.208/24,以及内部虚拟机的主机地址 10.6.64.8/24,如图 1-38 所示。

图 1-38　设置 IP 地址

（2）在【网络连接】选项框中配置虚拟机网络工作的模式为【桥接模式（B）】，如图 1-39 所示。

图 1-39 设置工作模式

（3）测试网络的连通性。为了能正常通信，需要把主机和虚拟主机的防火墙都关闭，如图 1-40 所示。

图 1-40 测试连通性

2. NAT 模式

让虚拟机借助 NAT（网络地址转换）功能，通过宿主机器所在的网络来访问公网。也就是说，使用 NAT 模式可以实现在虚拟机中访问互联网。NAT 模式下的虚拟机的 TCP/IP 配置信息是由 VMnet8 虚拟网络的 DHCP 服务器提供的，因此 IP 和 DNS 一般设置为"自动获取"，因此虚拟系统也就无法和本局域网中的其他真实主机进行通信了。NAT 模式中使用 VMnet8 虚拟交换机，此时虚拟机可以通过主机"单向访问"网络上的其他主机，其他主机不能访问虚拟机,如图 1-41 所示。

图 1-41　NAT 模式

虚拟主机 A 和虚拟主机 B 及主机 B 可以相互访问,虚拟主机 A 和虚拟主机 B 可以访问主机 A,主机 A 不能访问虚拟主机 A 和虚拟主机 B,虚拟主机 A 和虚拟主机 B 的 IP 地址可以手动设置,也可以从 DHCP 主机自动获取。虚拟主机 A 和虚拟主机 B 可以访问外网资源。

(1) 配置虚拟主机中的 IP 地址为自动获取,外面主机的 IP 地址为 10.6.64.208/24,并且确保主机【网络连接】下面 VMnet8 虚拟网卡处于启用状态。

(2) 设置【虚拟网络编辑器】中的 NAT 模式参数,特别是【DHCP 设置】,如图 1-42 所示。

图 1-42　编辑虚拟网络

（3）虚拟主机检查网络 IP 地址及连通性，可以发现获得虚拟网卡分发的 IP 地址，如图 1-43 所示。

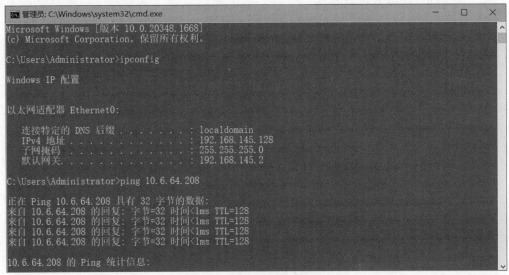

图 1-43 NAT 模式的连通性

3. host-only 模式

在某些特殊的网络调试环境中，要求将真实环境和虚拟环境隔离开，这时就可以采用 host-only 模式，在这种模式下宿主机上的所有虚拟机是可以相互通信的，但虚拟机和真实的网络是被隔离开的。

在 host-only 模式下，虚拟系统的 TCP/IP 配置信息，都是由 VMnet1 虚拟网络的 DHCP 服务器来动态分配的。使用 host-only 方式与 NAT 模式的最大区别是虚拟主机不能够访问外部信息。其基本配置与 NAT 模式一样。这种模式虚拟主机 A 和虚拟主机 B 与主机 A 不能互访，与主机 B 能够互访，如图 1-44 所示。

图 1-44 host-only 模式

4. 自定义模式

这种模式适用于虚拟主机比较多，网段比较多的情况，可以灵活调整。类似于把虚拟网卡比作虚拟交换机，将网络分成 20 个网段，默认状态下 VMnet0 交换机工作在桥接模式，VMnet1 交换机工作在 host-only 模式，VMnet8 工作在 NAT 模式，其他 17 个交换机各自管理一个网段，连接在同一个 VMnet 上的两台或多台虚拟主机就能正常通信。

自定义模式中，同一虚拟交换机下面的虚拟主机能够互访，能否与外面的主机 A 和主机 B 互访取决于 IP 是否在同一个网段，虚拟机交换机之间的虚拟主机不能互访。虚拟主机能访问外网，如图 1-45 所示。

图 1-45　自定义模式

5. LAN 区段模式

LAN 区段模式，早期版本是没有这个选项的，比 host-only 模式更简单，只具有仅主机模式的部分功能。用户设定一个网络区段，虚拟服务器只能在该网络区段中进行数据通信，且虚拟主机的 IP 地址不能使用 DHCP 获取，必须手动设置。

1.4　项目总结

在安装 Windows Server 2022 选择系统 ISO 镜像时如图 1-10 所示，如果选择第二项，将会通过"简易安装程序"自动安装系统，并且在使用部分安装镜像时会报错，如果要自定义安装，可选择第三项【稍后安装操作系统】，待新建好虚拟机后再挂载 ISO 镜像并启动虚拟机。

可以在 Windows Server 2022 的"个性化"界面中更改标题与窗口边框的颜色，以凸显当前正在操作的窗口，如图 1-46 和图 1-47 所示。

图 1-46　在桌面右键菜单中选择【个性化】选项

图 1-47　【个性化】→【颜色】

1.5　课后习题

一、填空题

1. 网络操作系统的模式分类分为_____、_____、_____。

2. 网络操作系统分为_____、_____、_____、_____。

3. Windows Server 2022 有_____、_____、_____三个版本。

4. 用户类型,有_____、_____、_____三种类型。

二、简答题

1. 请叙述 Windows Server 2022 和 Windows Server 2012 的区别。

2. 请简述 Workstation 下面网络工作模式的基本原理及不同点。

三、实训题

某公司现在计划给公司配置各种网络服务器。先组建了项目实施小组,为了给小组成员进行一次集中的项目实施前的实战演练,项目组长需要为组员准备演练环境,如果你是该项目组长,你该如何设计? 需要详细的过程。

项目 2　活动目录服务的配置与管理

本章将向读者系统地介绍目录服务与活动目录的基础知识，以及活动目录的基本配置和管理。

通过本章的学习应该完成以下目标：
- 理解目录服务与活动目录的理论知识；
- 理解用户与组的类别；
- 掌握规划和安装局域网的活动目录；
- 掌握 Windows Server 2022 如何创建和管理域用户和组；
- 掌握将局域网的计算机加入域中的方法；
- 掌握活动目录的管理。

2.1　项目背景

五桂山公司是一家电子商务公司，近期由于公司业务发展，为方便对企业内部各部门的用户集中管理，基于网络安全管理的需求，考虑将网络升级为域的网络。公司的网络管理部门将在原企业内网的基础上配置一台新的 Windows Server 2022 服务器（IP：10.6.64.8/24）并升级为域控制器，并将其他部门的所有计算机加入域，使计算机隶属于域，同时对企业内部的本地用户和组也升级为域用户和组进行管理，网络拓扑如图 2-1 所示。

图 2-1　五桂山公司活动目录的网络拓扑图

2.2　知识引入

2.2.1　理解目录服务、活动目录和域控制器

1. 目录服务与活动目录

目录服务是一种基于客户机/服务器（Client/Server，C/S）模型的信息查询服务，在

Windows 系统平台下，通过活动目录组件（Active Directory，AD）来实现目录服务。而活动目录是面向 Windows Standard Server、Windows Enterprise Server 以及 Windows Datacenter Server 的目录服务。（Active Directory 不能运行在 Windows Web Server 上，但是可以通过它管理运行在 Windows Web Server 上的计算机。）

活动目录存储了有关网络对象的信息，并且让管理员和用户能够轻松地查找和使用这些信息，其使用了一种结构化的数据存储方式，并以数据存储方式作为基础对目录信息进行合乎逻辑的分层组织。

2. 活动目录的逻辑结构

活动目录的逻辑结构是以树状层次结构视图呈现的，其逻辑结构与 Windows 名字空间有直接的关系。活动目录中的逻辑单元包括域、域树、域林及组织单元等。

3. 活动目录主要提供的功能

（1）对服务器、客户机进行管理：管理服务器及客户机账户，将服务器及客户机加入所属域下进行管理并实施组策略。

（2）提供用户账户服务：管理用户账户、用户信息、企业通讯录（与电子邮件系统集成）、用户组管理、用户身份认证、用户授权管理等。

（3）进行资源管理：管理打印机、文件共享服务等网络资源。

（4）进行桌面配置：系统管理员可以集中地配置各种桌面的配置策略，如用户使用域中资源权限限制、界面功能的限制、应用程序执行特征限制、网络连接限制、安全配置限制等。

（5）应用系统支撑：支持财务、人事、电子邮件、企业信息门户、办公自动化、补丁管理、防病毒系统等各种应用系统。

4. 域控制器

"域"的真正含义是服务器控制网络上的计算机能否加入的计算机组合。涉及组合，必须严格地控制，所以为保证网络安全需要实行严格的管理。

在对等网模式下，只要任何一台计算机接入网络，其他计算机就都可以访问共享资源，比如共享上网等。尽管对等网络上的共享文件可以加访问密码，但是非常容易被破解。由此在 Windows 9x 操作系统构成的对等网中，数据的传输是非常不安全的。

在"域"模式下，至少有一台服务器负责每一台联入网络的计算机和用户的验证工作，相当于一个单位的保安一样，称为域控制器（Domain Controller，DC）。

域控制器中包含了由这个域的账户、密码，属于这个域的计算机等信息构成的数据库。当计算机联入网络时，域控制器首先要鉴别这台计算机是否属于这个域，用户使用的登录账号是否存在、密码是否正确。如果以上信息存在对不上号的情况，那么域控制器就会拒绝这个用户从这台计算机登录。若不能登录，用户就不能访问服务器上有权限保护的资源，它只能以对等网用户的方式访问 Windows 共享出来的资源，这样就在一定程度上保护了网络上的资源。

要把一台计算机加入域，除了使它和服务器在网上邻居中能够相互"看"到，还必须由网络管理员进行相应的设置，把这台计算机加入域中，这样才能实现文件的共享。

2.2.2　安装活动目录的前提

安装活动目录的前提条件如下。

(1) 具有本地管理员权限；

(2) 操作系统版本必须满足条件(Windows Server 2008 除 Web 版外都满足)；

(3) 本地磁盘至少有一个分区是 NTFS 文件系统；

(4) 有 TCP/IP 设置(IP 地址、子网掩码等)；

(5) 有相应的 DNS 服务器支持；

(6) 静态的 IP 地址,并把 DNS 指向自己的 IP 地址；

(7) 有足够的磁盘使用空间。

注意,关于在命令行下的 dcpromo.exe 指令已弃用的说明：在 Windows Server 2022 中,如果从命令提示符运行 dcpromo.exe(无任何参数),将收到引导你到服务器管理器的信息,在该服务器管理器中,你可使用【添加角色】向导安装 Active Directory 域服务。如果你从命令提示符运行 dcpromo /unattend,你仍可使用 dcpromo.exe 的无人参与安装。这可继续使用基于 dcpromo.exe 的自动化 Active Directory 域服务(AD DS)安装例程,直到它们可以使用 Windows PowerShell 重写那些例程。

2.2.3 用户与组

1. 用户与组的知识概述

Windows Server 2022 系统是一个多用户多任务的分时操作系统,每一个使用者都必须申请账号才能登录进入系统使用资源。用户使用账号登录,一方面可以帮助管理员对进入系统的用户账户进行跟踪,并控制他们对系统资源的访问,另一方面也可以利用组账户帮助管理员简化对同类用户的控制操作,降低管理的难度。

为了简化对用户账户的管理工作,Windows Server 2022 中提供了组的概念。组是指具有相同或者相似特性的用户集合,当要给一批用户分配同一个权限时,就可以将这些用户都归到一个组中,只要给这个组分配此权限,组内的用户就都会自动拥有此权限。这里的组就相当于一个班级或一个部门,班级里的学生、部门里的工作人员就是用户。

在 Windows Server 2022 中,用组账户来表示组,用户只能通过用户账户登录计算机,不能通过组账户登录计算机。

2. 本地账户和域用户

在操作系统中,计算机的账户是用户登录系统的钥匙,用户必须有一个相应的账户才可以进入一台计算机的操作系统对计算机进行操作和管理。在 Windows 环境下的计算机账户,从计算机的管理模式来分主要分为本地用户账户和域账户两种,这两种账户各有哪些特点和区别呢？

(1) 本地用户账户是在工作组环境下或是域的成员机登录本地机器所使用的账户名和密码,而域账户是在域的管理模式下域上的用户所使用的账户。

(2) 本地用户账户存储在本地的 sam 数据库中,而域账户存储在 AD 中。

(3) 使用本地用户账户的时候,用户只能使用该账户登录到本地计算机上,而使用域账户用户可以在整个域环境中所有的计算机上进行登录。

(4) 本地账户只能在账户所属的计算机上进行管理,每个计算机上的管理员单独管理自己机器上的本地账户,而域账户通过 AD 用户和计算机管理工具进行统一的管理。

2.2.4　工作组中的组

1. 内置本地组

内置本地组是在系统安装时默认创建的,并被授予特定权限以方便计算机的管理。常见的内置本地组如下。

(1) Administrators:在系统内有最高权限,拥有赋予权限、可添加系统组件、升级系统、配置系统参数、配置安全信息等。内置的系统管理员账户是 Administrators 组的成员。如果这台计算机加入域中,则域管理员自动加入该组,并且有系统管理员的权限。属于 Administrators 组的用户,都具备系统管理员的权限,拥有对这台计算机最大的控制权,内置的系统管理员 Administrator 就是此本地组的成员,而且无法将其从此组中删除。

(2) Guests:内置的 Guest 账户是该组的成员。一般是用于在域或计算机中没有固定账户的用户临时访问域或计算机时使用的。该账户默认情况下不允许对域或计算机中的设置和资源做更改。出于安全考虑,Guest 账户在 Windows Server 2022 安装好之后是被禁用的,如果需要可以手动地启用,应该注意分配给该账户的权限,因为该账户经常是黑客攻击的主要对象。

(3) IIS_IUSRS:这是 Internet 信息服务(IIS)使用的内置组。

(4) Users:是一般用户所在的组,所有创建的本地账户都自动属于此组。Users 组权限受到很大的限制,对系统有基本的权力,如运行程序、使用网络,但不能关闭 Windows Server 2022,不能创建共享目录和本地打印机。如果此计算机加入域,则域用户自动被加入该组。

2. 内置特殊组

特殊组存在于每一台 Windows Server 2022 计算机内,用户无法更改这些组的成员,也就是说,无法在【Active Directory 用户和计算机】或【本地用户与组】内看到、管理这些组。这些组只有在设置权限时才看得到,以下列出两个常用的特殊组。

(1) Everyone:包括所有访问该计算机的用户。如果为 Everyone 指定了权限并启用 Guest 账户时一定要小心,Windows 会将没有有效账户的用户当成 Guest 账户,该账户自动得到 Everyone 的权限。

(2) Creator Owner:文件等资源的创建者就是该资源的 Creator Owner。不过,如果创建属于 Administrators 组内的成员,则其 Creator Owner 为 Administrators 组。

2.2.5　活动目录中组的不同类型及其作用

从组的使用范围可以分为:通用组、全局组、域本地组。

1. 通用组

通用组可以设定在所有域内的访问权限,以便访问每一个域内的资源,通用组的特性如下。

(1) 通用组具备“通用领域”(universal scope)的特性,其成员能够包含整个林中的任何一个域内的用户、通用组与全局组,但是它无法包含任何一个域内的域本地组。

(2) 通用组可以访问一个域内的资源,也就是说可以在任何一个域内设置通用组的权限(这个通用组可以是在同一个域内,也可以是在另一个域内。)

2. 全局组

全局组主要用来组织用户,即可以将多个被赋予相同权限的用户账户加入同一个全局组内。全局组的特性如下。

(1) 全局组内的成员,只能够包含所属域内的用户与全局组,即只能够将同一个域内的用户或其他全局组加入全局组内。

(2) 全局组可以访问任何一个域内的资源,即可以在任何一个域内设置全局组的使用权限(这个全局组可以是在同一个域内,也可以是在另一个域内)。

3. 域本地组

域本地组主要用来指派在其所属域内的访问权限,以便访问该域内的资源。域本地组的特性如下。

(1) 域本地组内的成员可以是任何一个域内的用户、通用组与全局组,也可以是同一个域内的域本地组,但无法是其他域内的域本地组。

(2) 域本地组只能够访问同一个域内的资源,无法访问其他不同域内的资源。换句话说,当在某台计算机上设置权限时,可以设置同一个域内的域本地组的权限,但是无法设置其他域内的域本地组的权限。

说明:组加入其他组内的操作,被称为"Group nesting"。

表 2-1 详细地列出了各个组的特性。

表 2-1　组成员范围及其成员授权特性

组	所属成员范围	可转换范围	可授权权限范围	可授权成员范围
通用组	来自同一林中任何域的账户; 来自同一林中任何域的全局组; 来自同一林中任何域的其他通用组	如果组不是任何其他通用组的成员,则可以转换为域"本地"范围,如果组不包含任何其他通用组,则可以转换为"全局"范围	在同一林或信任林中的任何域上	同一林中的其他通用组; 同一林或信任林中的域本地组; 同一林或信任林中计算机上的本地组
全局组	来自同一域的账户; 来自同一域的其他全局组	如果组不是任何其他全局组的成员,则可以转换为"通用"范围	在同一林或者信任域或林中的任何域上	来自同一林中任何域的通用组; 来自同一域的其他全局组; 来自同一林或任何信任域中的任何域的域本地组
域本地组	来自任何域或任何受信任域的账户; 来自任何域或任何受信任域的全局组; 来自同一林中任何域的通用组; 来自同一域的其他域本地组; 来自其他林和外部域的账户、全局组和通用组	如果组不包含任何其他域本地组,则可以转换为"通用"范围	在同一域内	来自同一域的其他域本地组; 同一域中计算机上的本地组,不包括具有已知安全标识符(SID)的内置组

2.2.6　组策略介绍

（1）组策略分为计算机配置和用户配置。

计算机配置执行生效时间：

① 计算机开机时自动应用。

② 若计算机已经开机，系统会每隔一段时间自动应用，比如：

作为域控制器系统默认是每隔 5 分钟自动应用一次组策略；

作为非域控制器系统默认是每隔 90～120 分钟自动应用一次组策略；

计算机不论策略值是否变动，系统仍然会每隔 16 小时自动应用一次安全性设置策略；如果想要将组策略手动应用到域内的计算机上可运行以下命令：gpupdate /force。

用户配置执行生效时间：

① 用户登录会自动应用。

② 若用户已经登录，系统默认会每隔 90～120 分钟自动应用一次。而且不论策略值是否变动，系统仍然会每隔 16 小时自动应用一次安全性设置策略。

③ 手动应用到域内的计算机上可运行以下命令：gpupdate /force。

（2）理解首选项与策略的区别。

① 只有域内的组策略才有首选项设置功能，本地计算机策略并无此功能。

② 策略设置是强制设置，客户端应用这些设置后无法更改，然而首选项设置非强制性，客户端可自行更改设置值，因此首选项设置适合当作默认值。

③ 若要过滤策略设置，必须针对整个 GPO 来设置。

④ 若在策略设置与首选项设置内有相同的设置项目，而且都已做了设置，但是其设置值却不相同时，则以策略设置优先，也就是最后的有效设置是策略设置内的设置值。

⑤ 要应用首选项设置的客户端计算机必须安装支持首选项设置的 client-side extension（CSE）。

2.3　项目过程

活动目录配置前的准备如下。

（1）将域控制器 Windows Server 2022 和客户机 Windows 10 的 IP（这里 IP 设置为 10.6.64.108）设置在同一个网段，并将 DNS 都指向 10.6.64.8，使其能够互相 ping 通，如图 2-2 和图 2-3 所示。

（2）在 Windows Server 2022 中依次单击【开始】→【运行】输入"cmd"后单击【确定】按钮，如图 2-4 所示；在命令行输入 ping 客户端 Windows 10 的 IP：10.6.64.108，测试客户端与服务器之间网络连接是否正常，连接正常的结果如图 2-5 所示。

注意：如果服务器在 DOS 下 ping 不通客户机 Windows 10，应检查网络适配器的设置是否正确，设置是否相同，检查内外网的防火墙是否配置正确，可选择将防火墙直接关闭等其他方式。

图 2-2　Windows Server 2022 的 IP

图 2-3　Windows10 的 IP

图 2-4 DOS 的命令符界面

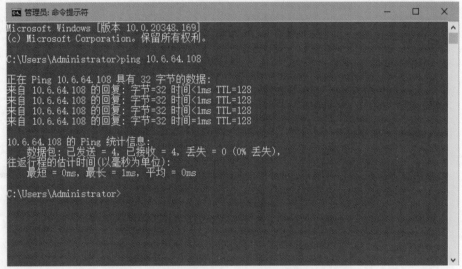

图 2-5 服务器在 DOS 下 ping 客户端 IP 界面

2.3.1 任务 1 创建第一台域控制器

❈ 任务分析

根据项目背景得知如下需求：五桂山公司的网络管理部门将在原企业内网的基础上配置一台新的 Windows Server 2022 服务器（IP：10.6.64.8/24）来做活动目录服务。接下来，将在此服务器上安装活动目录功能（AD）来满足该需求。

❈ 任务实施过程

（1）打开【服务器管理器】，单击【添加角色和功能】，进入【添加角色和功能向导】，如图 2-6 和图 2-7 所示。

（2）在【添加角色和功能向导】界面，单击【下一步】按钮，选择【基于角色或基于功能的安装】单选按钮，如图 2-8 所示。

（3）单击【下一步】按钮，选择安装角色的服务器，如图 2-9 所示（安装程序会自动检测

图 2-6　服务器管理器仪表板

图 2-7　添加角色和功能向导

图 2-8　选择安装类型

图 2-9　选择目标服务器

与显示这台计算机采用静态 IP 地址设置的网络连接），单击【下一步】按钮，在弹出的如图 2-10 所示的【选择服务器角色】界面中勾选【Active Directory 域服务】，会弹出【添加 Active Directory 域服务所需的功能】，单击【添加功能】按钮添加服务。

（4）完成角色添加，单击【下一步】按钮选择添加功能，若无特殊要求，此处默认即可，如图 2-11 所示。

（5）单击【下一步】按钮，确认安装所选内容，如图 2-12 所示，单击【安装】按钮开始 AD 域服务器的安装。

图 2-10 选择服务器角色

图 2-11 选择功能

图 2-12　确认安装所选内容

（6）完成 AD 域服务器的安装，单击【关闭】按钮，如图 2-13 所示。

图 2-13　完成 AD 的安装

（7）完成安装后，需进行【AD 域服务配置向导】。回到仪表板，按照提示单击【将此服务器提升为域控制器】按钮,如图 2-14 所示。

图 2-14 将此服务器提升为域控制器

(8)选择【添加新林】单选按钮,域名为"wgs.com",如图 2-15 所示。

图 2-15 部署配置"添加新林"

（9）选择【林功能级别】和【域功能级别】（若网络中以后不会部署基于旧版本操作系统的新域或子域，可选择 Windows Server 2016）指定是否为 DNS 服务器和全局编录。并键入目录服务还原模式（DSRM）密码，如图 2-16 所示。

图 2-16　域控制器选项

（10）指定 DNS 委派（服务器将自动检查 DNS 服务器是否启用，如果已经启用，则需要配置 DNS 委派选项；如果没有启用，则直接单击【下一步】按钮继续，后面服务器将自动安装配置绑定 DNS 服务器，所以可以不需要提前安装 DNS 服务器），如图 2-17 所示。

图 2-17　指定 DNS 委派

（11）设置 NetBIOS 域名，服务器将自动根据之前输入的域名生成一个 NetBIOS 域名，如无特殊要求默认即可，如图 2-18 所示。

图 2-18　设置 NetBIOS 域名

（12）指定 AD DS 数据库、日志文件和 SYSVOL 存放位置；如无特殊要求默认即可，如图 2-19 所示。

图 2-19　指定 AD DS 数据库、日志文件和 SYSVOL 的位置

（13）查看安装参数选项，单击【下一步】按钮完成先决条件检查后，单击【安装】按钮进行 AD 安装，如图 2-20 所示。

（14）安装 AD 成功后需要重新启动，启动完成后进入服务器打开【服务器管理器】查

图 2-20 先决条件检查

看，如图 2-21 所示（安装过程完毕，Windows Server 2022 会自动添加多个服务或工具，如 DNS、组策略管理器、Active Directory 管理中心、Active Directory 用户和计算机等）。

图 2-21 查看 AD 的安装

2.3.2　任务 2　用户的创建及管理

❀ **任务分析**

根据项目背景得知如下需求：需要在活动目录中对公司内部所有账户、计算机等资源进行集中管理。通过使用【Active Directory 用户和计算机】工具进行统一规划和部署。

五桂山公司管辖下有研发部、网络部、销售部等部门。

❀ **任务实施过程**

对照公司实际结构情况，把整个部门以组织单位（OU）的形式建好即可（OU 是组织单元，在活动目录中扮演特殊的角色，它是一个当普通边界不能满足要求时创建的边界。OU 把域中的对象组织成逻辑管理组，而不是安全组或者代表地理实体的组。OU 是可以运用组策略和委派责任的最小单位）。下面以五桂山公司管辖下的研发部为实例进行操作。

(1) 单击仪表板上面的工具，打开【Active Directory 用户和计算机】工具，右击域名 "wgs.com"，选择【新建】→【组织单位】命令，输入对各部门规划好的名字，如图 2-22 所示。

图 2-22　新建组织单位

(2) 对照公司部门把组织单元建好即可。新建用户，在相应部门的组织单位下右击，选择新建用户；通常情况下，账户采用用户的姓和名的第一个声母，如果使用姓名的声母导致账户重复，则可使用名的全拼或者采用其他方式。这样既使用户间能够相互识别，又便于用户记忆，如图 2-23 所示。

(3) 为用户设置密码，出于安全考虑，创建密码的强度不能太简单（要求密码由字母、符号、数字三种字符组成并不少于 8 位）；注意：默认情况下是强制用户下次登录时必须更改密码，这里不做修改，为满足实际情况，先为每个用户制定公司的标准密码，当用户登录时让他们创建自己的密码，如图 2-24 所示。

(4) 通过类似的操作新建整个公司的组织单元，员工账户等资源，如图 2-25 所示。

(5) 根据公司需求对用户进行管理。

① 删除用户/计算机账户。

要删除一个用户或计算机账户，可在活动目录组织单元中，右击要删除的用户或计算机账户，在弹出的快捷菜单中选择【删除】命令，出现信息确认框后，单击【是】按钮。

图 2-23　新建用户

图 2-24　设置用户密码

② 修改用户账户的属性。

新建用户账户后,可进一步对账户的属性进行修改。方法如下:右击要设置属性的用户账户,在弹出的快捷菜单中选择【属性】命令,打开相应的对话框。

在【账户】选项卡中,修改用户登录名、账户选项和账户的有效期限。

在【账户】选项卡中,单击【登录时间】按钮可在打开的【登录时段】对话框中限制用户的登录时间。

在【账户】选项卡中,单击【登录到】按钮可在打开的【登录工作站】对话框中设置用户登录工作站等详细信息。

图 2-25　新建资源记录

2.3.3　任务 3　组的创建及管理

❉ **任务分析**

根据项目背景得知如下需求：需要在活动目录中对公司内部所有账户、计算机等资源进行统一管理。通过使用【Active Directory 用户和计算机】工具进行组的统一规划。

五桂山公司管辖下有研发部、管理部、销售部等部门。

❉ **任务实施过程**

下面以五桂山公司管辖下的研发部为实例进行操作。

（1）打开【Active Directory 用户和计算机】工具，右击 Builtin 添加组，选择【新建】→【组】命令。

（2）在【组名】文本框中输入公司各部门在计算机上使用的组名。其他部门也如图 2-26所示完成建组。

图 2-26　新建组

（3）可以根据公司需求对组进行管理（组的属性设置）。

① 添加组的成员。右击要添加成员的组,选择【属性】命令。在【成员】标签中单击【添加】按钮,在出现的【选择用户、联系人、计算机、服务账户或组】对话框中的【输入对象名称来选择】下输入用户名,单击【检查名称】按钮,检查输入的对象名称。如图 2-27 所示,单击【确定】按钮添加成员;类似操作完成公司其他组的成员的添加。

图 2-27　添加成员

② 删除组的成员。在组属性对话框中的【成员】选项卡中【成员】列表框中选择要删除的组成员,单击【删除】按钮即可,如图 2-28 所示。

图 2-28　删除成员

③ 设置组权限。在【隶属于】选项卡中,单击【添加】按钮,打开【选择组】对话框,通过选择内置组来设置新组的权限。

④ 设置管理者。在【管理者】选项卡中,选中要更改的组管理人,单击【更改】按钮,打开

【选择用户或联系人】对话框重新选择管理人;单击【属性】按钮进行查看可管理者的属性;单击【清除】按钮可清除管理者对组的管理。假设 Zhanghua 被设置为管理者,若 Zhanghua 辞职或因某些原因暂时不在,可进行该操作,如图 2-29 所示。

图 2-29　组管理设置

2.3.4　任务 4　客户端加入活动目录

❋ 任务分析

根据项目背景得知如下需求:在网络中创建第一台域控制器后,需将其他部门各主机加入域内,使成员接受域服务器的统一管理。

❋ 任务实施过程

下面以五桂山公司管辖下的研发部的一台 Windows 10 系统客户端加入域"wgs.com"为实例开始实施过程。

(1)由于上面已配置好客户机的 IP 地址并检测了连通性,接下来我们检测客户端是否能正常解析域名。为避免出错可以再次测试下连通性,使用"nslookup"命令检测客户端能否正常解析域名"wgs.com",如图 2-30 所示。

(2)在客户机【此电脑】上右击,在弹出的菜单中选择【属性】命令,在出现的【关于】界面中单击【重命名这台电脑】按钮,如图 2-31 所示,在弹出的【系统属性】对话框中更改域和工作组界面,单击【更改】按钮,如图 2-32 所示,在弹出的【计算机名/域更改】对话框中的【隶属于】【域】的那一栏输入想要加入的域名(这里是"wgs.com"),如图 2-33 所示。若要返回工作组模式也是在此更改即可。

图 2-30　客户机解析域名

图 2-31　更改设置

（3）更改完配置后，系统会提示有权限加入该域的用户名和密码；如果直接输入之前创建好的账户"Zh"，以及对应的密码，会提示因用户首次登录须更改密码而加入域失败，我们应先使用创建好的管理用户"Ad"加入域中，如图 2-34 所示，单击【确定】按钮，系统将会出现成功加入域的提示，如图 2-35 所示。

图 2-32　系统属性

图 2-33　输入域名

图 2-34　输入加入域的用户和密码　　　　图 2-35　成功加入域

单击【确定】按钮后系统会提示重新启动,启动完毕后选择切换用户,输入研发部部门下的用户"Zh"和密码登录,单击【确定】按钮会提示用户首次登录时必须更改密码,如图 2-36 所示,单击【确定】按钮,重新设置用户密码,如图 2-37 所示。更改完密码后会提示密码更改成功,单击【确定】按钮登录计算机。

图 2-36　用户登录　　　　　　　　图 2-37　重新设置密码

(4) 进入客户机后,查看计算机属性是否加入域,如图 2-38 所示。

2.3.5　任务 5　组策略配置

❋ 任务分析

根据项目背景得知如下需求:五桂山公司的网络管理员在安装了活动目录的服务器上配置组策略,使员工打开浏览器时访问的主页为公司主页,在退出浏览器后自动清除历史记录等。

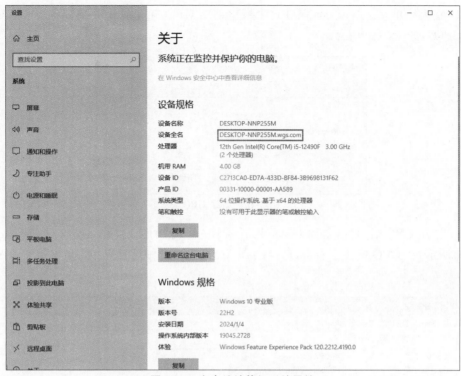

图 2-38 客户端计算机系统属性

❋ 任务实施过程

下面以五桂山公司管辖下的研发部为实例开始实施过程。

（1）打开仪表板，单击【工具】，选择【组策略管理】工具，展开左侧组织结构，找到名为
"Research"的组织单元，如图 2-39 所示。

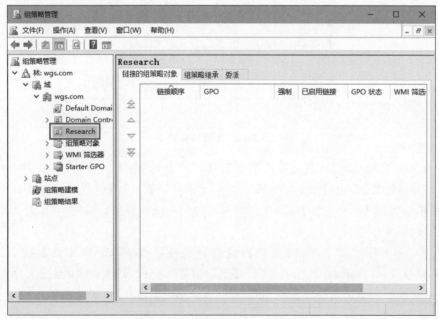

图 2-39 找到 Research 组织单元

（2）在组织单元上右击，选择【在这个域中创建 GPO 并在此处链接】，输入主策略的名称"R-GPO"，如图 2-40 所示。

图 2-40　新建 GPO

（3）创建 GPO 后，可以看到组织单元下多了一个链接形式的组策略文件 Research，如图 2-41 所示，在 GPO 链接上右击，选择【编辑】命令进入详细配置应用到组织单元 Research 的组策略界面。

图 2-41　组策略管理

（4）组策略管理编辑器由【计算机配置】和【用户配置】两大子键构成，如图 2-42 所示；这里的【计算机配置】是指对整个计算机中的系统进行设置，对当前所有的计算机用户的运行环境都起作用；而【用户配置】则是指对当前用户的系统环境进行设置，它仅对当前用户起作用；配置时需要注意。

（5）单击展开用户配置下的【策略】→【管理模板】→【Windows 组件】，找到 Internet Explorer，如图 2-43 所示，在该选项下找到【删除浏览历史记录】文件夹，在该文件夹下找到【允许退出时删除浏览历史记录】，在 Internet Explorer 文件夹下，滑动右侧滚动条找到【禁止更改主页设置】。

图 2-42　组策略管理编辑器

图 2-43　Internet 设置

（6）进入【删除浏览历史记录】文件夹，右击右侧文件夹下的内容【允许退出时删除浏览历史记录】进行编辑，按照公司的要求编辑 Internet Explorer 的属性，如图 2-44 和图 2-45 所示；可以根据 Internet 版本不同分别进行设置。

（7）回到主策略管理界面，单击组织单元 Research 的组策略 R-GPO 查看设置，如图 2-46所示。

（8）在域内计算机登录组织单元下的账户 Zh，查看 IE 浏览器上的 Internet 选项，可以看到组策略在客户端生效，如图 2-47 所示。

图 2-44　编辑属性 1

图 2-45　编辑属性 2

图 2-46 查看 GPO 设置

图 2-47 查看域内计算机的 Internet 选项

2.4　项目总结

常见问题 1：没有出现图 2-37 所示的要求输入用户名和密码的对话框，而是出现如图 2-48 所示的提示框。

图 2-48　无法加入域

解决方案：

（1）查看客户机防火墙是否关闭。

（2）DNS 服务导致的故障。要么是因为客户端计算机的首选 DNS 服务器设置错误，要么是由于域控制器上 DNS 服务未能正确安装，可根据具体情况排查故障。

（3）更改主机名并在服务器上删除已经存在的 DNS 记录，重启。

（4）将客户机的第一 DNS 的 IP 地址设为 AD 的 IP，一般 DNS 都是和 AD 集成安装的，可通过清空 DNS 缓存并重新注册。可在客户机的命令行上输入清空 DNS 命令：ipconfig /flushdns；如果需要重新申请 DNS，可在客户机的命令行上输入：ipconfig /registerdns。

常见问题 2：组策略无法应用到客户机上，如图 2-49 所示。

图 2-49　组策略无法应用到客户机

解决方案：（1）可查看客户机和域控能否正常连接，或在客户机命令行下输入：gpupdate /force，进行手动更新。

（2）可尝试重启客户机，重新登录 Zh 账号后，再查看组策略是否生效。

2.5   课后习题

一、选择题

1. 下列关于域的叙述中正确的是(   )。

    A. 域就是由一群服务器计算机与工作站计算机所组成的局域网系统

    B. 域中的工作组名称必须都不相同,才可以连上服务器

    C. 域中的成员服务器是可以合并在一台服务器计算机中的

    D. 以上说法都对

2. 在设置域账户属性时,(   )项目不能被设置。

    A. 账户登录时间   B. 账户的个人信息

    C. 账户的权限   D. 指定账户登录域的计算机

3. 域本地组可以在哪一个域内被设置使用权限?(   )

    A. 所有域   B. 同一个域   C. 以上说法都不对

4. 用户账号中包含有(   )。

    A. 用户的名称   B. 用户的密码

    C. 用户所属的组   D. 用户的权利和权限

二、填空题

1. 目录服务是一种基于_____的信息查询服务。

2. 活动目录存放在_____中。

3. 域控制器包含了由这个域的_____、_____以及属于这个域的计算机等信息构成的_____。

4. 活动目录的逻辑单元包括_____、_____、_____和_____。

5. 组是指具有相同或者相似特性的_____。

三、项目实训题

Windows Server 2022 活动目录的安装与配置。

内容与要求:

(1) 给服务器安装活动目录。

(2) 使用【AD 用户和计算机管理】增添用户,将用户加入域,并对用户进行管理。

项目 3 DNS 服务器的配置与管理

本章系统介绍 DNS 服务器的理论知识,DNS 服务器的基本配置和管理。

通过本章的学习,读者应该完成以下目标:

- 理解 DNS 的基本理论知识;
- 掌握 DNS 服务的安装;
- 掌握 DNS 的配置与管理。

3.1 项目背景

五桂山公司是一家电子商务公司,近期由于公司业务发展,在深圳发展分公司,深圳当地还有个办事处。基于网络的安全管理需求,总部、分公司均有各自的 DNS 服务器,现要求内部的 DNS 服务器既能解析公司内部的 Web、FTP 和邮件服务器地址,又能完成外网的解析请求。为了有效提高 DNS 服务,确保 DNS 无误地提供总分公司的 DNS 查询服务,公司的网络管理部门将在总部原企业内网的基础上配置一台新的 Windows Server 2022(IP: 10.6.64.8/24)作为 DNS 服务器,在分部也将配置一台新的 Windows Server 2022(IP: 10.6. 64.9/24),并同时对该服务器进行管理,网络拓扑如图 3-1 所示。

图 3-1 五桂山公司 DNS 服务器网络拓扑图

3.2 知识引入

3.2.1 DNS

1. 什么是 DNS

DNS(Domain Name System,域名系统),是因特网上作为域名和 IP 地址相互映射的一个分布式数据库,能够使用户更方便地访问互联网,而不用去记住能够被机器直接读取的

IP 数字串。

通过主机名,最终得到该主机名对应的 IP 地址的过程叫做域名解析(或主机名解析)。DNS 协议运行在 UDP 协议之上,使用端口号 53。在 RFC 文档中 RFC 2181 对 DNS 有规范说明,RFC 2136 对 DNS 的动态更新进行说明,RFC 2308 对 DNS 查询的反向缓存进行说明。

2. DNS 服务器

能提供 DNS 服务的是安装了 DNS 服务器端软件的计算机。服务器端软件既可以是基于类 Linux 的操作系统,也可以是基于 Windows 的操作系统。装好 DNS 服务器软件后,就可以在指定的位置创建区域文件了,所谓区域文件就是包含了此域中名字到 IP 地址解析记录的一个文件。

3. DNS 域名空间

DNS 服务器是整个 DNS 的核心,它的任务是维护和管理所辖区域中的数据,并处理 DNS 客户端主机名的查询。它建立了一个叫做域名空间的逻辑树结构,如图 3-2 所示,显示了顶层域及下一级子域之间的树状结构关系,域名空间树的最上面是根域,根域为空标记,在根域之下就是顶层域(或叫顶级域),再下面就是其他子域。

图 3-2　域名体系层次结构

3.2.2　DNS 的域名类型与解析

域名解析就是将用户提出的域名变换成网络地址的方法和过程,从概念上讲,域名解析是一个自上而下的过程。

DNS 域名解析可以分为两个基本步骤:本地解析和 DNS 服务器解析。

1. 本地解析

在 Windows 系统中有个 hosts 文件,这个文件是根据 Windows 的 TCP/IP 标准来工作的,它的作用是包含 IP 地址和 Host name(主机名)的映射关系。根据 Windows 系统规定,在进行 DNS 请求之前,Windows 系统会先检查自己的 Hosts 文件中是否有这个地址映射关系,如果有则调用这个 IP 地址映射,如果没有找到,则继续在以前的 DNS 查询应答的响应缓存中查找,如果缓存没有再向已知的 DNS 服务器提出域名解析,也就是说,Hosts 的请求级别比 DNS 高。

注:hosts 文件存放路径为%systemroot%\system32\drivers\etc。

2. DNS 服务器解析

DNS 服务器是目前广泛采用的一种名称解析方法,全世界有大量的 DNS 服务器,它们协同工作构成一个分布式的 DNS 名称解析网络。例如,network.com 的 DNS 服务器只负责本域内数据的更新,而其他 DNS 服务器并不知道也无须知道 network.com 域内有哪些主机,但它们知道 network.com 域的位置;当需要解析 www.network.com 时,它们就会向 network.com 域的 DNS 服务器发出请求而完成该域名的解析。采用这种分布式 DNS 解析结构时,DNS 数据的更新只需要在一台或者几台 DNS 服务器上进行,使得整体的解析效率提高不少。

3.2.3 DNS 的查询方式

当客户机需要访问 Internet 上某一主机时,首先向本地 DNS 服务器查询对方 IP 地址,直到解析出需访问主机的 IP 地址。

1. 查询方式分类

(1) 递归查询(Recursive Query)。

客户机送出查询请求后,DNS 服务器必须告诉客户机正确的数据(IP 地址)或通知客户机找不到其所需数据。如果 DNS 服务器内没有所需要的数据,则 DNS 服务器会代替客户机向其他的 DNS 服务器查询。客户机只需接触一次 DNS 服务器系统。就可得到所需的节点地址。客户端得到结果只能是成功或失败。

(2) 迭代查询(Iterative Query)。

客户机送出查询请求后,若该 DNS 服务器的 IP 地址,使客户端自动转向另外一台 DNS 服务器查询,以此类推,直到查到数据,否则有最后一台 DNS 服务器通知客户机查询失败。

2. 查询内容分类

(1) 正向查询(Forward Query):客户端由域名查找 IP 地址。

(2) 反向查询(Reverse Query):客户机利用 IP 地址查询其主机完整的域名,即 FQDN(完全合格域名)。

3. 域名查询

首先,客户端发出 DNS 请求翻译 IP 地址或主机名。DNS 服务器在收到客户机的请求后:

(1) 在进行 DNS 请求之前,Windows 系统会先检查自己的 Hosts 文件中是否有这个地址映射关系,如果有则调用这个 IP 地址映射;

(2) 若没有检查到,则会检查 DNS 服务器的缓存,若查到请求的地址或名字,即向客户机发出应答信息;

(3) 若没有查到,则在数据库中查找,若查到请求的地址或名字,即向客户机发出应答信息;

(4) 若没有查到,则将请求发给根域 DNS 服务器,并依序从根域查找顶级域,由顶级域查找二级域,二级域查找三级域,直至找到要解析的地址或名字,即向客户机所在网络的 DNS 服务器发出应答信息,DNS 服务器收到应答后先在缓存中存储,然后将解析结果发给客户机;

（5）若没有找到，则返回错误信息。

域名查询的过程如图 3-3 所示。

图 3-3　域名查询的过程

3.3　项目过程

3.3.1　任务 1　DNS 的安装

❋ 任务分析

根据项目背景得知如下需求：五桂山公司的网络管理部门将在总部原企业内网的基础上配置一台新的 Windows Server 2022（静态设置服务器的 IP 为 10.6.64.8/24）来做 DNS 服务。接下来，将在此服务器上安装 DNS 服务功能来满足该需求。

❋ 任务实施过程

1. 安装 DNS 服务器

（1）打开【服务器管理器】，单击【添加角色和功能】按钮，进入【添加角色和功能向导】。

（2）进入【添加角色和功能向导】，单击【下一步】按钮，选择【基于角色或基于功能的安装】。

（3）单击【下一步】按钮，选择安装角色的服务器，安装程序会自动检测与显示这台计算机采用静态 IP 地址设置的网络连接；勾选【DNS 服务器】，会弹出【添加 DNS 服务器所需的功能】，单击【添加功能】按钮，添加 DNS 服务，如图 3-4 所示。

（4）完成角色添加，单击【下一步】按钮，选择添加功能，若无特殊要求，此处默认即可，如图 3-5 所示。

（5）单击【下一步】按钮继续，确认安装内容后，单击【安装】按钮，开始 DNS 服务器的安装，完成 DNS 服务器的安装后，单击【关闭】按钮，如图 3-6 所示。

图 3-4　选择服务器角色

图 3-5　选择功能

图 3-6　完成 DNS 的安装

2. 配置 DNS 区域

安装 DNS 服务器之后,接下来便开始配置 DNS 区域。Windows Server 2022 允许创建以下三种类型的 DNS 区域:主要区域、辅助区域、存根区域。在本次任务中,我们将在公司总部的 DNS 服务器上创建一个名为"wgs.com"的正向查找区域。

(1) 在【服务器管理】仪表板下单击【工具】→DNS 命令打开 DNS 管理器,如图 3-7 所示。

图 3-7　DNS 管理器

(2) 在控制台树中的【正向查找区域】上右击,选择【新建区域】命令,打开【新建区域向导】,如图 3-8 所示,单击【下一步】按钮。

(3) 在出现的【区域类型】对话框中选择【主要区域】,如图 3-9 所示,单击【下一步】按钮继续。

(4) 在区域名称中输入公司总部域名"wgs.com",如图 3-10 所示,单击【下一步】按钮。

(5) 在出现的【区域文件】对话框中单击【下一步】按钮;在【动态更新】对话框中选择【不允许动态更新】单选按钮,如图 3-11 所示,单击【下一步】按钮。

(6) 单击【完成】按钮关闭向导,完成创建新区域"wgs.com",如图 3-12 所示。

图 3-8　新建区域向导

图 3-9　区域类型

图 3-10　区域名称

图 3-11　动态更新

图 3-12　完成建域

3.3.2　任务 2　在区域中创建资源记录

❋ 任务分析

根据项目背景得知如下需求：五桂山公司内部有 Web、FTP 服务器。公司的 Web 服务器的域名是 www.wgs.com，IP 地址是 10.6.64.9，FTP 服务器的域名是 ftp.wgs.com，IP 地址是 10.6.64.10；邮件服务器地址是 mail.wgs.com，IP 地址是 10.6.64.11。

❋ 任务实施过程

（1）右击"wgs.com"，选择【新建主机（A 或 AAAA）】命令，如图 3-13 所示。

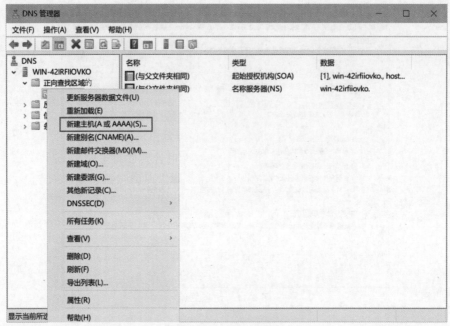

图 3-13　新建主机

（2）在名称中输入"www"，IP 地址是 Web 服务器的地址 10.6.64.9，单击【添加主机】按钮，如图 3-14 所示，在出现的对话框单击【确定】按钮。

图 3-14　新建 www 主机记录

（3）创建 ftp.wgs.com 记录，IP 地址是 10.6.64.10；创建一个 mail 的主机记录，IP 地址是 10.6.64.11，单击【添加主机】按钮，如图 3-15 和图 3-16 所示。

（4）在 DNS 管理器中选中添加记录的正向区域选项后，右击，在激活的快捷菜单中选择【新建邮件交换器（MX）】选项，如图 3-17 所示。

（5）在【邮件交换器（MX）】记录界面中单击【浏览】按钮，如图 3-18 所示。

（6）在【浏览】窗口中可以定位主机记录 mail，之后单击【确定】按钮返回，如图 3-19 所示的界面。此时，邮件服务器的完全合格域名 FQDN 将在界面中显示。单击【确定】按钮，返回 DNS 管理器，完成邮件交换器 MX 记录的创建任务。

图 3-15　新建 FTP 主机记录

图 3-16　创建 mail 主机记录

图 3-17　新建邮件交换器

图 3-18　单击【浏览】按钮

图 3-19　创建邮件交换记录

（7）在客户机上打开命令行工具，通过输入"nslookup"对应的域名，查看解析是否正常，如图 3-20 所示。

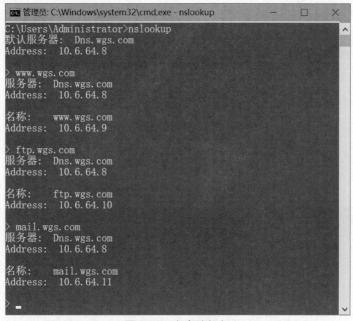

图 3-20　客户端解析

3.3.3　任务 3　转发器与根提示配置

根提示是一个服务器名称到 IP 的列表，每条记录代表一台存在于这个世界上的根服务器，DNS 服务器发出迭代查询的时候就是首先向这里的某一台服务器发出查询请求。

转发器的意思就是当接收到 DNS 请求时，DNS 服务器本身不会去处理，而是将请求转发到其他的 DNS 服务器。

❋ 任务分析

根据项目背景得知如下需求：五桂山公司的网络管理部门要求内部的 DNS 服务器既能解析公司内部的 Web、FTP 和邮件服务器地址，又能完成外网的解析请求。这就要求 DNS 服务器上设置转发器，指向能够解析外网的当地 ISP 提供的 DNS 地址 202.96. 128.166。

❋ 任务实施过程

（1）打开 DNS 管理器，右击【转发器】，在弹出的快捷菜单中选择【属性】命令，如图 3-21 所示。

（2）在打开的属性对话框中单击【编辑】按钮，如图 3-22 所示。

（3）在转发器服务器的 IP 地址中输入 ISP 的 DNS 地址 202.96.128.166，解析完成后单击【确定】按钮，如图 3-23 所示，回到转发器属性对话框单击【应用】按钮，转发器设置成功。

（4）根提示使非根域的 DNS 服务器可以查找到根域 DNS 服务器。根域 DNS 服务器在互联网上有许多台，分布在世界各地。为了定位这些根域 DNS 服务器，需要在非根域的

图 3-21　选择转发器属性

图 3-22　编辑属性

DNS 服务器上配置根提示。

　　配置根提示的方法是：右击某个 DNS 服务器，从弹出的快捷菜单中打开【属性】命令，在属性对话框中打开【根提示】选项卡。在【名称服务器】列表中，共有 13 个根服务器，如图 3-24 所示。本提示下的设置一般保持默认，不要轻易更改。

　　如果 DNS 服务器配置了转发器，则优先查询转发器。

　　如果 DNS 服务器上新建了根区域（区域名称为"."），则该【根提示】失效。

图 3-23　添加转发器的 IP 地址

图 3-24　根提示

3.3.4　任务 4　DNS 子域与委派

※ 任务分析

根据项目背景得知如下需求：五桂山公司是一家电子商务公司，近期由于公司业务发展，在深圳发展分公司，通过在公司总部委派 sz.wgs.com 域名给深圳分部的 DNS 服务器进行管理，可实现分部内部的域名管理，网络拓扑图如图 3-25 所示。

图 3-25　设置委派拓扑图

※ 任务实施过程

1. 深圳分部管理 sz.wgs.com 域名

（1）在深圳分部的 DNS 服务器（静态配置 IP 地址为 10.6.64.9/24）中打开【DNS 管理器】,新建总部将委派的域名"sz.wgs.com"的正向查找区域如图 3-26 所示。

图 3-26　新建总部委派的域

（2）添加文件服务器主机记录,如图 3-27 所示。

2. 五桂山总部委派

（1）在五桂山的总公司的 DNS 服务器中打开【DNS 管理器】,在控制台树中,右击 wgs. com,在弹出的快捷菜单中选择【新建委派】命令,如图 3-28 所示。

（2）打开【新建委派向导】,单击【下一步】按钮,在【委派的域】中输入要委派的子域 "sz",如图 3-29 所示,单击【下一步】按钮。

（3）在名称服务器下选择【添加】,在【新建名称服务器记录】下,输入子域的 FQDN 和 IP 地址,IP 地址为 10.6.64.9,其中 FQDN 是主机名＋域名,单击【确定】按钮,如图 3-30

图 3-27　添加主机记录

图 3-28　新建委派

所示。

（4）单击【确定】按钮返回名称服务器，单击【下一步】按钮，完成子域的委派，如图 3-31 所示。

委派设置完成后在"总部"的 DNS 服务器中不会显示委派出去的子域的详细解析配置，若要添加子域下属的主机需要在子域（深圳分部）的 DNS 服务器中配置。

3. 客户端验证

在客户机上进行测试，客户机的首选 DNS 不改动，可以看到在子域的 DNS 服务器上有一个主机记录 www.sz.wgs.com，IP：10.6.64.9，这里使用"nslookup"命令测试，解析成功，如图 3-32 所示。

图 3-29　输入委派的子域

图 3-30　输入子域的 FQDN 和 IP 地址

3.3.5　任务 5　DNS 辅助服务器的配置

※ 任务分析

根据项目背景得知如下需求：五桂山公司在深圳有分公司，分公司下有个办事处，该办事处在深圳的服务器管辖下。

※ 任务实施过程

1. 主 DNS 服务器允许复制

（1）在主 DNS 服务器"wgs.com"区域上右击，在弹出的快捷菜单中选择【属性】命令，如图 3-33 所示。

图 3-31 完成子域的委派

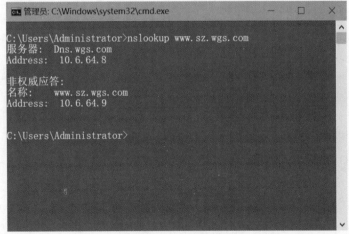

图 3-32 客户端验证

（2）在区域属性对话框中，打开【区域传送】选项卡，勾选【允许区域传送】复选框，选择
【到所有服务器】单选按钮，如图 3-34 所示。

2. 辅助 DNS 配置

（1）在【服务器管理】仪表板下单击【工具】→DNS 选项打开 DNS 管理器。

（2）在控制台树中的正向查找区域右击，在弹出的快捷菜单中选择【新建区域】命令，打
开新建区域向导，单击【下一步】按钮继续，在出现的【区域类型】对话框中选择【辅助区域】单
选按钮，单击【下一步】按钮，如图 3-35 所示。

（3）在【区域名称】文本框中输入要建立辅助区域的名称，即公司总部域名“wgs.com”，
单击【下一步】按钮，如图 3-36 所示。

图 3-33　区域属性

图 3-34　区域传送

图 3-35　区域类型

图 3-36　输入辅助区域名称

（4）添加建立的辅助区域要从哪些 DNS 服务器上进行 DNS 数据的复制（这里输入五桂山总部的 DNS 服务器的 IP 地址 10.6.64.8）单击【下一步】按钮，如图 3-37 所示。

（5）单击【完成】按钮，完成辅助区域的创建，如图 3-38 所示。

（6）在建立的复制区域上重新进行数据加载，辅助 DNS 区域就成功复制了主要区域的数据，如图 3-39 所示。

注意：配置以上实验时必须保证主区域与辅助区域能互相通信，并且辅助区域的首选 DNS 设置指向主服务器。

图 3-37　建立区域复制

图 3-38　完成辅助区域的创建

3.3.6　任务 6　DNS 的管理

❀ 任务分析

　　根据项目背景得知如下需求：为保障 DNS 服务器的稳定运行，公司需要通过对 DNS 的管理实现高效运行，下面将介绍 DNS 的一些管理，公司可根据相应要求进行修改配置。

图 3-39　查看区域的复制

※ 任务实施过程

（1）启动或停止 DNS 服务器。

① 打开 DNS 管理器。

② 在控制台树中，单击适用的域名系统（DNS）服务器。

③ 选择【操作】→【所有任务】菜单，然后单击下列选项之一：若要启动服务，单击【启动】；若要停止服务，单击【停止】；若要中断服务，单击【暂停】；若要停止然后自动重新启动服务，单击【重新启动】。

（2）普通 DNS 属性共具有【接口】【转发器】【高级】【根提示】【调试日志】【事件日志】【监视】7 个标签，如图 3-40 所示，安装了域控制器的 DNS 多了一个【安全】的标签，用于控制用户对 DNS 的访问。

图 3-40　普通 DNS 属性

(3)【接口】标签允许我们指定 DNS 服务器侦听 DNS 请求的本地计算机的 IP 地址,默认情况下,DNS 服务器侦听的是本地计算机的所有 IP 地址;如果计算机存在双网卡,分别连接到 Internet 和 LAN,如果不希望 Internet 的客户访问你的 DNS 服务器,可以只选择侦听连接到 LAN 的 IP 地址。

(4)【转发器】只有 DNS 服务器工作在递归模式下时才有用,在【高级】设置中,【禁用递归(也禁用转发器)】选项可以将转发器禁用;如若公司想禁止员工对外网的访问,可勾选该选项,以上配置的转发器将不起作用,如图 3-41 所示。

图 3-41　禁用递归

(5)启用过时记录自动清理。默认情况下,【启用过时记录自动清理】选项是禁用的,当启用此选项时,DNS 服务器将按照在设定清理周期中指定的时间间隔来自动删除启用了老化/清理配置的区域中过时的资源记录,如图 3-42 所示。

(6) DNS 的备份。

① 停止 DNS 服务。

② 开始运行输入"regedit"打开注册表,找到 HKEY_LOCAL_MACHINE\SYSTEM\CurrentControlSet\Services\DNS。

③ 将 DNS 这个分支导出,命名为 dns-1。

④ 再找到 HKEY_LOCAL_MACHINE\SOFTWARE\Microsoft\Windows NT\CurrentVersion\DNS Server。

⑤ 将 DNSserver 分支导出,命名为 dns-2。

⑥ 打开%systemroot%\System32\dns,把其中的所有 *.dns 文件复制出来,并和 dns-1.reg 及 dns-2.reg 保存在一起。

图 3-42 启用过时记录自动清理

（7）DNS 的恢复。

① 当区域中的 DNS 服务器发生故障时，重新建立一台 Windows Server 2022 服务器，并与所要替代的 DNS 服务器设置相同 IP 地址。

② 在新系统中安装并启动 DNS 服务。

③ 把前面备份出来的 *.dns 文件复制到新系统的％systemroot％\System32\dns 文件夹中。

④ 停用 DNS 服务。

⑤ 把备份的 dns-1.reg 和 dns-2.reg 导入注册表中。

⑥ 重新启动 DNS 服务。

3.4 项目总结

DNS 分为 Client 和 Server，Client 扮演发问的角色，也就是问 Server 一个 Domain Name，而 Server 必须回答此 Domain Name 的真正 IP 地址。而当地的 DNS 会先查自己的资料库。如果自己的资料库没有，则会往该 DNS 上所设的 DNS 服务器询问，依此得到答案之后，将收到的答案存起来，并回答客户。DNS 服务器会根据不同的授权区（Zone），记录所属该网域下的各名称资料，这个资料包括网域下的次网域名称及主机名称。在每一个名称服务器中都有一个快取缓存区（Cache），这个快取缓存区的主要目的是将该名称服务器所查询出来的名称及相对的 IP 地址记录到快取缓存区中，这样当下一次还有另外一个客户端到此服务器上去查询相同的名称时，服务器就不用再到别的主机上去寻找，而直接可以从缓存区中找到该名称记录资料,传回给客户端,加速客户端对名称查询的速度。

3.5 课后习题

一、选择题

1. 以下与 DNS 服务器相关的说法中,不正确的是(   )。

    A. DNS 的域名空间是由树状结构组织的分层域名组成的集合

    B. Internet 上的主机的域名和地址解析,并不完全由 DNS 域名服务器来完成

    C. 辅助域名服务器定期从主域名服务器获得更新数据

    D. 转发域名服务器负责所有非本地域名的查询

2. DNS 协议运行在(   )协议之上,使用端口号(   )。

    A. TCP   53   B. UDP   53

    C. TCP   52   D. UDP   52

3. DNS 区域有三种类型分别是(   )。

    A. 标准辅助区域   B. 逆向解析区域

    C. Active Directory 集成区域   D. 标准主要区域

4. 测试 DNS 主要使用以下哪个命令?(   )

    A. ping   B. ipconfig   C. nslookup   D. Winipcfg

5. DNS 服务器用于将域名解析为(   )。

    A. IP 地址   B. MAC 地址   C. URL   D. 网关地址

6. DNS 服务器可以通过设置(   )来将无法解析的域名请求转发到其他 DNS 服务器。

    A. 区域传送   B. 区域转发   C. 区域传播   D. 区域限制

二、填空题

1. DNS 的中文名为_____,其作用是_____。

2. DNS 名称查询解析可以分为两个基本步骤:_____和_____。

3. DNS 的查询方式分类:_____和_____。

4. 域名解析是一个_____的过程。

5. DNS 服务器是一种用于将_____解析为 IP 地址的服务。

6 反向 DNS 解析是将_____解析为域名的过程。

7. DNS 缓存是指 DNS 服务器存储的最近访问过的_____解析结果。

三、实训题

Windows Server 2022 DNS 服务器的安装与配置。

内容与要求:

1. 给服务器安装 DNS;

2. 某公司有总部在北京,分部在广州,现要求对总公司 DNS 服务器进行配置,要求总公司 DNS 能完成公司内部的解析,并实现外网的解析和公司分部的域名解析请求。

项目4　DHCP服务器的配置与管理

本章系统介绍 DHCP 服务器的理论知识,DHCP 服务器的安装和基本配置。以及 DHCP 客户端的配置和 DHCP 中继的配置。

通过本章的学习应该完成以下目标:

- 理解 DHCP 服务器的理论知识;
- 掌握 DHCP 服务器的基本配置;
- 掌握 DHCP 客户端的配置与测试;
- 掌握 DHCP 中继的配置;
- 掌握 DHCP 服务器的备份与还原。

4.1　项目背景

五桂山公司新建了两个工作室,现进行 IP 地址的规划,想通过动态地址的分配向这两个工作室所在的员工提供自动接入的配置(董事长计算机分配的 IP 地址固定),为了节约成本和提高管理的效率,该公司只设置一个 DHCP 服务器(IP 地址:10.6.64.8/24)。网络拓扑如图 4-1 所示。

图 4-1　网络拓扑图

4.2　知识引入

4.2.1　什么是 DHCP

DHCP(Dynamic Host Configuration Protocol,动态主机配置协议)是一个局域网的网络协议,使用 UDP 协议工作,通常被应用在大型的局域网络环境中,主要作用是集中地管理、分配 IP 地址,使网络环境中的主机动态地获得 IP 地址、Gateway 地址、DNS 服务器地址等信息,并能够提升地址的使用率。

一般来说,网络中设置 IP 地址的方法有两种。一种是手动配置 IP 地址,这种方法需要给网络中的每个客户端都配置 IP、网关、DNS 服务器等相关选项,如果客户端的数量较多,网络管理员的工作量会很大,费时费力,而且还容易出现 IP 地址冲突等问题。另外一种就是利用网络中的 DHCP 服务器来对客户端进行 IP 地址的动态分配,不仅减轻了网络管理员的工作量,而且还避免了 IP 地址冲突等问题。

当使用 DHCP 服务器动态分配 IP 地址时,一旦有客户端连入网络,客户端会发出 IP 地址请求,DHCP 服务器会从地址池中临时分配一个 IP 地址给客户端。当客户端断开与服务器的连接时,DHCP 服务器会把该 IP 地址收回,并把它分配给其他需要地址的客户端,有效地节约了 IP 地址的资源。

4.2.2　DHCP 的工作原理

DHCP 服务器负责监听客户端的请求,并向客户端发送预定的网络参数,管理员在 DHCP 服务器上必须配置需要提供给客户端的相应网络参数和自动分配地址的范围、地址租约时间等参数,客户端只需要把 IP 参数设置为自动获取即可。DHCP 的工作原理如图 4-2 所示。

DHCP 发现
DHCP 提供
DHCP 请求
DHCP 回应

图 4-2　DHCP 工作原理图

DHCP 客户端获取 IP 地址的工作过程如下。

(1) DHCP 发现(DHCP discover)。在客户端第一次登录网络时,客户端向网络发送一个 DHCP discover 请求,该请求的源地址是 0.0.0.0,目的地址是 255.255.255.255(TCP/IP 广播地址),并附加 DHCP 发现信息的广播数据包。

(2) DHCP 提供(DHCP offer)。DHCP 服务器接收到 DHCP discover 请求后,检查动态地址范围,选取第一个空闲的地址,向客户端发送一个 DHCP offer 响应,由于客户端目前还没有获取到 IP 地址,所以 DHCP offer 响应仍然通过广播方式传输,其中包含了以下信息:客户端 MAC 地址,提供的 IP 地址以及有效期,子网掩码和服务器标识符(通常是服务器的 IP 地址)。

(3) DHCP 请求(DHCP request)。客户端收到 DHCP offer 封包后,就会发出一个 DHCP request 广播封包,表示它接收服务器所提供的 IP 地址,同时发出一个 ARP 请求,确认该地址未被其他客户端使用,如果被占用,则会发出 DHCP decline 封包表示拒绝该 IP 地址。如果收到的 DHCP offer 封包不止一个(网络中不止一台 DHCP 服务器),客户端会自动选择第一个服务器提供的 IP 地址。

(4) 服务器收到 DHCP request 封包后,发回一个 DHCP ack 回应,表示地址租约生效,客户端开始使用此地址和网络配置进行工作,DHCP 工作完成。其他的 DHCP 服务器在收到 DHCP request 封包后撤销提供的 IP 地址。

(5) 如果客户端不是第一次登录该网络,地址租约到期,那么客户端就要重新进行一次如上所述的过程，否则客户端就会用上次获得的地址配置进行工作。当客户端不能联系到 DHCP 服务器或租用失败时，将会使用自动私有 IP 地址（168.254.0.1～169.254.255.254 地址段）配置，这个机制可以使 DHCP 服务在不可使用时，客户端仍能进行通信，同时管理员也可以从客户端的 IP 地址来判断 DHCP 是否成功。

4.2.3　DHCP 服务的相关概念

（1）作用域（scope）：通过 DHCP 服务租用或指派给 DHCP 客户端的 IP 地址范围。一个范围可以包括单独子网中的所有 IP 地址（有时也将一个子网再划分成多个作用域）。此外，作用域还是 DHCP 服务器为客户端分配和配置 IP 地址及其相关参数提供的基本方法。

（2）排除范围（exclusion range）：DHCP 作用域中，从 DHCP 服务中排除小范围内的一个或多个 IP 地址。使用排除范围的作用是保留这些地址永远不会被 DHCP 服务器提供给客户端。

（3）地址池（address pool）：DHCP 作用域中可用的 IP 地址范围。

（4）租约期限（lease）：DHCP 客户端使用动态分配的 IP 地址的时间。在租用时间过期之后，客户端必须续订租用，或用 DHCP 获取新的租用。租约期限是 DHCP 中最重要的概念之一，DHCP 服务器并不给客户端提供永久的 IP 地址，而只允许客户端在某个指定时间范围内（即租约期限内）使用某个 IP 地址。租约期限可以是几分钟、几个月，甚至是永久的（不推荐使用），用户可以根据不同的情况使用不同的租约期限。

（5）保留（reservation）：为特定 DHCP 用户租用而永久保留在一定范围内的特定 IP 地址。

（6）选项类型（option types）：DHCP 服务器在配置 DHCP 客户端时，可以进行配置的参数类型。常见的参数类型有子网掩码、默认网关以及 DNS 服务器等。每个作用域可以具有不同的选项类型。当服务器选项与作用域选项都配置的时候，应用的是作用域选项的配置。

4.3　项目过程

4.3.1　任务 1　DHCP 服务器的安装

❈ 任务分析

根据项目背景得知如下需求：五桂山公司将在原企业内网的基础上配置一台新的 Windows Server 2022 服务器（IP：10.6.64.8/24）来做 DHCP 服务器。接下来，将在此服务器上安装 DHCP 服务器功能来满足该需求。

❈ 任务实施过程

（1）打开【服务器管理器】，单击【添加角色和功能】按钮，进入【添加角色和功能向导】。

（2）单击【下一步】按钮，选择【基于角色或基于功能的安装】。

（3）单击【下一步】按钮，选择【从服务器池中选择服务器】，安装程序会自动检测与显示这台计算机采用静态 IP 地址设置的网络连接。

（4）单击【下一步】按钮，如图 4-3 所示，在【服务器角色】中，选择【DHCP 服务器】，自动弹出【添加 DHCP 服务器所需的功能】对话框,单击【添加功能】按钮。

图 4-3　添加所需功能(1)

(5) 单击【下一步】按钮,选择需要添加的功能,如无特殊需求,一般默认即可,如图 4-4 所示。

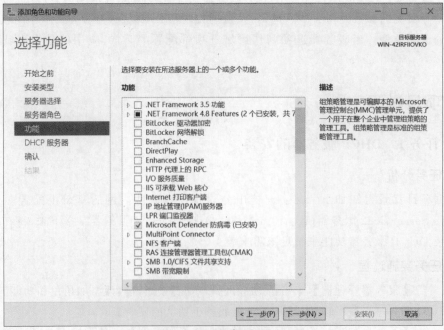

图 4-4　添加所需功能(2)

(6) 单击【下一步】按钮,查阅 DHCP 服务器的注意事项。

（7）单击【下一步】按钮，在【确认】对话框中，确认所需安装的角色、角色服务或功能，单击【安装】按钮，如图 4-5 所示。

图 4-5　确认所安装的内容

（8）单击【关闭】按钮，完成 DHCP 服务器的安装，如图 4-6 所示。

图 4-6　完成安装

4.3.2 任务 2 创建和激活作用域

※ 任务分析

根据五桂山公司的需求,需要在 DHCP 服务器上进行配置,为工作室提供所需的 IP 地址。所以我们将在 DHCP 服务器上创建一个新的作用域,为工作室分配所需的 IP 地址。

※ 任务实施过程

(1) 打开服务器管理器,单击【工具】菜单,选择 DHCP 命令,如图 4-7 所示。

图 4-7 打开 DHCP 管理界面

(2) 在 DHCP 管理控制台中右击 IPv4,在弹出的快捷菜单中选择【新建作用域】选项,如图 4-8 所示。

(3) 在【新建作用域向导】对话框中单击【下一步】按钮。

(4) 输入新建作用域名称"wgs",作用域描述可视需求填写,单击【下一步】按钮,如图 4-9 所示。

(5) 设置作用域分配的 IP 地址范围和子网掩码,单击【下一步】按钮,如图 4-10 所示。

(6) 输入需要排除的 IP 地址范围,排除的 IP 地址不参加动态地址的分配。在此任务中排除 IP 地址 10.6.64.8/24(DHCP 服务器和 DNS 服务器的 IP 地址),单击【添加】按钮,如图 4-11 所示。添加完成后,如图 4-12 所示。

(7) 设置作用域所分配的 IP 地址的租用期限,一般默认为 8 天,单击【下一步】按钮,如图 4-13 所示。

(8) 在【配置 DHCP 选项】对话框中,可选择是否现在配置 DHCP 的选项。选择"是"后则可以在 DHCP 的配置向导中配置 DHCP 的相关选项。在此任务中,选择【否,我想稍后

图 4-8　新建作用域

图 4-9　作用域名称

配置这些选项】,单击【下一步】按钮,如图 4-14 所示。

(9) 在【新建作用域向导】对话框中,单击【完成】按钮,完成作用域的创建。

(10) 作用域创建完成后,在 DHCP 管理控制台中右击【作用域(10.6.64.0)wgs】,在弹出的快捷菜单中选择【激活】命令,如图 4-15 所示,成功激活后,如图 4-16 所示。

4.3.3　任务 3　配置 DHCP 保留

❋ 任务分析

根据五桂山公司的需求,董事长办公室的计算机 IP 地址要固定,不能随意分配,对此我们需要配置 DHCP 保留。

图 4-10 设置 IP 地址范围和子网掩码

图 4-11 添加排除 IP 地址

图 4-12　成功添加排除的 IP 地址

图 4-13　设置租用期限

图 4-14　选择 DHCP 配置选项

图 4-15　激活作用域

　　DHCP 保留是指分配一个永久的 IP 地址，这个 IP 地址属于某一个作用域，并且该 IP 地址将被永久保留给某一台指定的 DHCP 客户机。

　　DHCP 地址保留的原理是将作用域中的某个 IP 地址与某个客户端的 MAC 地址进行绑定，使得每次这个客户端都会获得同样的指定的 IP 地址。

　　※ 任务实施过程

　　（1）在董事长的办公室计算机上，打开命令行，输入"ipconfig /all"，查看该客户端的 MAC 地址，如图 4-17 所示。

图 4-16　成功激活作用域

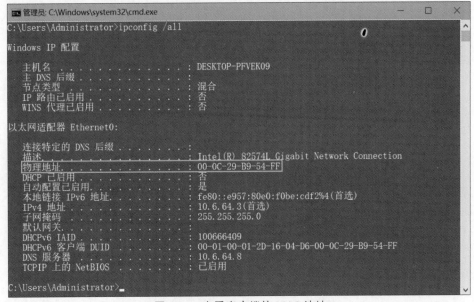

图 4-17　查看客户端的 MAC 地址

（2）打开 DHCP 管理控制台，右击【保留】，在弹出的快捷菜单中选择【新建保留】命令，如图 4-18 所示。

（3）在【新建保留】对话框中，输入保留名称，保留的 IP 地址和客户端的 MAC 地址（与步骤（1）中的 MAC 地址一致），单击【添加】按钮完成，如图 4-19 所示。

（4）完成董事长的 IP 地址保留后，如图 4-20 所示。

4.3.4　任务 4　DHCP 的配置选项

❋ 任务分析

根据五桂山公司的需求，我们不仅需要给客户机分配 IP 地址，还需要配置其他的配置参数，所以我们将使用到 DHCP 的配置选项。

图 4-18　新建保留

图 4-19　新建保留信息

　　DHCP 的配置选项是指 DHCP 服务器给客户机分配的除了 IP 地址和子网掩码以外的其他的配置参数。

　　由表 4-1 我们可以看出，服务器级别选项的应用范围最大，保留级别选项应用范围最小，但是在实际配置过程中，如果服务器选项和作用域选项同时配置了某个参数，最后 DHCP 客户端获得的配置参数将来自作用域选项。

图 4-20　成功新建保留

表 4-1　DHCP 配置选项的应用范围

DHCP 配置选项	作 用 范 围
服务器级别选项	分配给 DHCP 服务器的所有客户机
作用域级别选项	分配给某个作用域中的所有客户机
类级别选项	分配给某个类中的所有客户机
保留级别选项	分配给设置了 IP 地址保留的特定客户机

在此任务中,根据实际情况,我们将 DNS(10.6.64.8/24)设置在服务器选项,网关(10.6. 64.254/24)设置在作用域选项。

※ 任务实施过程

(1) 将 DNS(10.6.64.8/24)设置在服务器选项。打开 DHCP 管理控制台,右击【服务器 选项】,在弹出的快捷菜单中选择【配置选项】命令,如图 4-21 所示。

图 4-21　配置服务器选项

（2）在【服务器选项】对话框中，勾选【DNS 服务器】，在下方输入 DNS 的地址，单击【添加】按钮，如图 4-22 所示，添加成功后，如图 4-23 所示，先单击【应用】按钮，再单击【确定】按钮，完成配置。

图 4-22　添加 DNS 服务器选项

图 4-23　成功添加 DNS 服务器选项

（3）将网关(10.6.64.254/24)设置在作用域选项。单击需要配置的作用域"wgs"，右击【作用域选项】，在弹出的快捷菜单中选择【配置选项】命令，如图 4-24 所示。

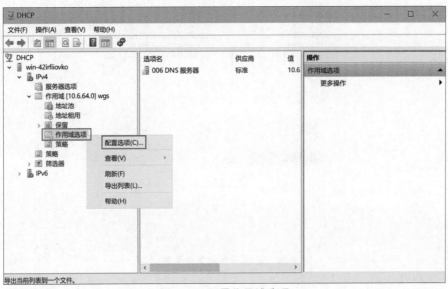

图 4-24　配置作用域选项

（4）在【作用域选项】对话框中，勾选【路由器】，在下方输入网关的地址，单击【添加】按钮，如图 4-25 所示，添加成功后，如图 4-26 所示，先单击【应用】按钮，再单击【确定】按钮，完成配置。

图 4-25　添加网关作用域选项

图 4-26　成功添加网关作用域选项

4.3.5　任务 5　DHCP 客户端的配置与测试

❋ 任务分析

当使用 DHCP 服务器给客户端动态分配 IP 地址时，需要对客户端做出一定的配置。

❋ 任务实施过程

（1）打开客户端的【网络共享中心】，将客户端的 IP 地址等参数修改为自动获取，如图 4-27 所示。

图 4-27　设置 IP 自动获取

（2）打开命令行，使用指令"ipconfig /release"将原先的 IP 地址释放，如图 4-28 所示。

图 4-28　释放 IP 地址

（3）使用指令"ipconfig /renew"获取新的 IP 地址，如图 4-29 所示。

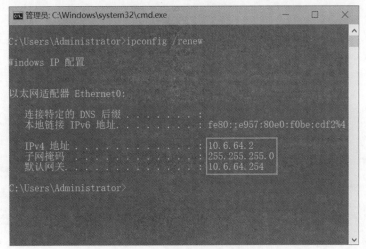

图 4-29　重新获取 IP 地址

（4）获取 IP 地址后，客户端的网络连接信息如图 4-30 所示。

（5）获取 IP 地址后，可以看到 DHCP 服务器作用域的地址租用，如图 4-31 所示。

4.3.6　任务 6　DHCP 的中继服务

❋ 任务分析

根据五桂山公司需求，两个工作室所在的 IP 地址使用不同的网段。当 DHCP 服务器与 DHCP 客户端位于不同的网段时，由于 DHCP 消息是以广播的方式发布，但是连接这两个网段的路由并不会将消息发送到不同的网段，所以在此任务中我们使用 DHCP 的中继服务来解决这个需求。

DHCP 中继：可以实现在不同子网和物理网段之间处理和转发 DHCP 信息的功能。

在此任务中，IP 地址信息如下：

（1）DHCP 服务器 IP：10.6.64.8/24。

图 4-30　网络连接详细信息

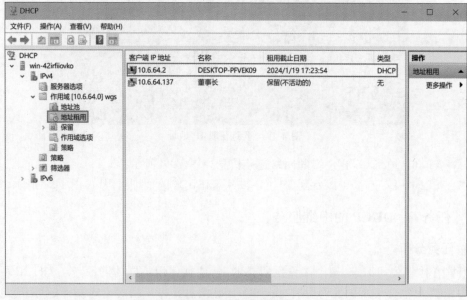

图 4-31　地址租用界面

（2）工作室 1 网段：10.6.64.0/24，网关接口为 10.6.64.1/24。

（3）工作室 2 网段：192.168.102.0/24，网关接口为 192.168.102.1/24。

该任务的拓扑图如图 4-32 所示。

图 4-32　DHCP 中继代理网络拓扑图

※ 任务实施过程

（1）根据任务 2 的步骤，在 DHCP 服务器上创建两个作用域并激活；并且在作用域选项配置【路由器】，工作室 1 的路由器地址为：10.6.64.1/24，工作室 2 的路由器地址为：192.168.102.1，如图 4-33 和图 4-34 所示。

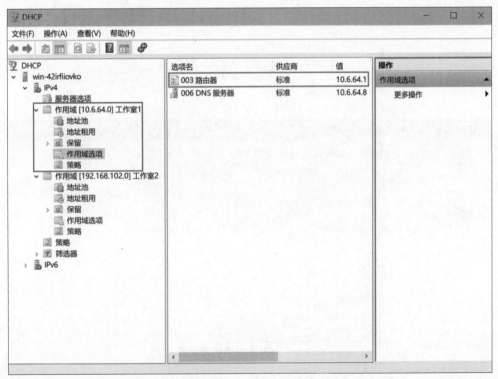

图 4-33　工作室 1 作用域

（2）配置 DHCP 的中继代理服务器的 IP 地址。打开【网络共享中心】，分别为两张网卡设置 IP 地址，工作室 1 的 IP 地址为 10.6.64.1/24，工作室 2 的 IP 地址为 192.168.102.1/24，设置完成后如图 4-35 所示。

（3）在 DHCP 中继代理服务器上安装远程访问服务。

① 如图 4-36 所示，打开【服务器管理器】，单击【添加角色和功能】按钮，进入【添加角色和功能向导】。

图 4-34　工作室 2 作用域

图 4-35　DHCP 中继代理配置

② 单击【下一步】按钮，选择【基于角色或基于功能的安装】，如图 4-37 所示。

③ 单击【下一步】按钮，选择【从服务器池中选择服务器】单选按钮，安装程序会自动检测与显示这台计算机采用静态 IP 地址设置的网络连接，如图 4-38 所示。

④ 单击【下一步】按钮，如图 4-39 所示，在【服务器角色】中选择【远程访问】，自动弹出【添加远程访问所需的功能】对话框，单击【添加功能】按钮。

⑤ 单击【下一步】按钮，选择需要添加的功能，如无特殊需求，一般默认即可，如图 4-40 所示。

图 4-36　添加角色和功能

图 4-37　选择安装类型

⑥ 单击【下一步】按钮,查阅远程访问的内容。

⑦ 单击【下一步】按钮,在【选择角色服务】对话框中,勾选【路由】,如图 4-41 所示。

⑧ 单击【下一步】按钮,在【确认】对话框中,确认所需安装的角色、角色服务或功能,单击【安装】按钮,如图 4-42 所示。

⑨ 单击【关闭】按钮完成安装,如图 4-43 所示。

(4) 配置 DHCP 中继代理服务器。打开【服务器管理器】,单击【工具】菜单,选择【路由和远程访问】,如图 4-44 所示。

图 4-38 选择服务器

图 4-39 选择【远程访问】

图 4-40　添加所需功能

图 4-41　添加角色服务

（5）在路由和远程访问控制台中，右击本地服务器，选择【配置并启用路由和远程访问】，如图 4-45 所示。

（6）在【路由和远程访问服务器安装向导】对话框中，单击【下一步】按钮。

（7）在【配置】对话框中，选择【自定义配置】，单击【下一步】按钮，如图 4-46 所示。

（8）在【自定义配置】对话框中，勾选【LAN 路由】服务，单击【下一步】按钮，如图 4-47所示。

图 4-42　确认所安装的内容

图 4-43　完成安装

图 4-44　打开路由和远程访问

图 4-45　配置并启用路由和远程访问

图 4-46　选择配置类型

图 4-47　选择需要启动的服务

（9）在【正在完成路由和远程访问服务器安装向导】对话框中，单击【完成】按钮，完成服务的安装。

（10）展开【IPv4】，右击【常规】，在弹出的快捷菜单中选择【新增路由协议】命令，如图 4-48 所示。

（11）在【新路由协议】对话框中，选择 DHCP Relay Agent，单击【确定】按钮，完成路由协议的添加，如图 4-49 所示。

图 4-48　新增路由协议

图 4-49　添加 DHCP 中继代理程序

　　(12) 右击【DHCP 中继代理】，在弹出的快捷菜单中选择【新增接口】命令，如图 4-50 所示。

　　(13) 选择 DHCP 路由协议运行的接口【工作室 1】，单击【确定】按钮，如图 4-51 所示。

　　(14) 在【DHCP 中继属性】对话框中，设置接口工作室 1 的属性，一般使用默认配置，如图 4-52 所示。

　　【跃点计数阈值】：表示 DHCP 中继代理服务器转发的数据包将在经过几个路由器后被丢弃。

　　【启动阈值】：表示 DHCP 中继代理服务器收到广播包几秒后将数据包发出去。

　　(15) 按照上述方法新增 DHCP 路由协议运行的接口【工作室 2】，跃点计数阈值和启动阈值也采用默认配置，如图 4-53 和图 4-54 所示。

　　(16) 右击【DHCP 中继代理】，在弹出的快捷菜单中选择【属性】命令，如图 4-55 所示。

图 4-50　新增接口

图 4-51　选择 DHCP 路由协议运行的接口工作室 1

图 4-52　设置接口属性

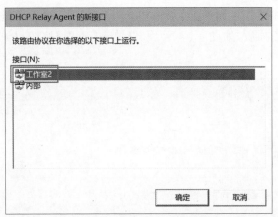

图 4-53　选择 DHCP 路由协议运行的接口工作室 2

图 4-54　设置接口属性

图 4-55　打开【属性】界面

（17）在【DHCP 中继代理属性】对话框中，输入 DHCP 服务器地址，单击【添加】按钮，如图 4-56 所示，成功添加后，如图 4-57 所示，先单击【应用】按钮，再单击【确定】按钮，完成属性的配置。

图 4-56　添加 DHCP 服务器地址

图 4-57　成功添加 DHCP 服务器地址

(18) 设置工作室 2 子网中的客户端,使其自动从工作室 1 子网中 DHCP 服务器动态获取 IP 地址,测试客户端获取 IP 地址的功能,如图 4-58 所示。

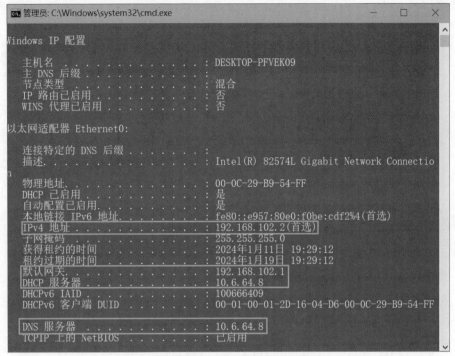

图 4-58 此时工作室 2 动态获取 IP 地址

4.3.7 任务 7 DHCP 的备份和还原

※ **任务分析**

根据五桂山公司的告知,该公司在之前有过一台 DHCP 服务器,并且 DHCP 数据库的数据已经备份下来,所以,我们将把备份下来的数据重新还原到新的 DHCP 服务器上并且将现有的数据库数据备份。

一般系统默认安装在 C 盘,所以系统默认将数据库保存在 C:\Windows\System32\dhcp,在该文件夹中,最重要的是 dhcp.mdb,其他的均为辅助文件。

※ **任务实施过程**

(1) DHCP 数据库保存的本地位置如图 4-59 所示,DHCP 服务器默认会每隔 60 分钟将数据库文件保存到图中的 backup 文件夹。

(2) DHCP 服务器的还原。打开 DHCP 服务器管理控制台,右击服务器,在弹出的快捷菜单中选择【还原】命令,如图 4-60 所示,选择备份数据文件夹(此任务中为 C:\DHCP backups。备份文件不一定在本地 DHCP 服务器上,也可能是 DHCP 服务器与第三方存储设备连接所得),如图 4-61 所示,单击【确定】按钮,完成数据库数据的还原。

(3) DHCP 服务器的备份。打开 DHCP 服务器管理控制台,右击服务器,在弹出的快捷菜单中选择【备份】命令,如图 4-62 所示,选择保存备份数据的文件夹(此任务中为 C:\DHCP back),如图 4-63 所示,单击【确定】按钮,完成数据库数据的备份。

图 4-59　DHCP 数据库的本地位置

图 4-60　数据还原

图 4-61　选择备份数据文件夹

图 4-62　选择【备份】命令

图 4-63　选择数据备份的文件夹

4.4　项目总结

常见问题 1：客户端 IP 地址无法释放。

解决方案：重新启用网卡即可。

常见问题 2：客户端无法获取 IP 地址。

解决方案：可能是之前使用过其他网段的 IP 地址做实验，在路由表中有另外一条不存在的路由，导致实验失败，如图 4-64 所示。使用 route print 指令查看路由表，使用 route delete 指令删除不存在的路由即可。

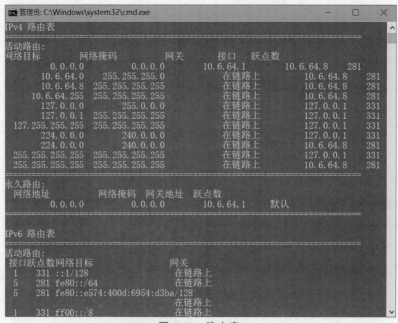

图 4-64　路由表

4.5 课后习题

一、选择题

1. 要实现动态 IP 地址分配,网络至少需要一台服务器具有(   )。

    A. DNS 服务   B. DHCP 服务   C. IIS 服务   D. FTP 服务

2. 下列以广播形式发送的报文是(   )。

    A. DHCP DISCOVER   B. DHCP REQUEST

    C. DHCP OFFER   D. DHCP ACK

3. DHCP 中继代理功能可以通过(   )工具来启用。

    A. DHCP   B. 服务   C. WINS   D. 路由和远程访问

4. DHCP 服务器的数据库默认情况下以(   )的时间间隔备份数据库。

    A. 120 分钟   B. 180 分钟   C. 60 分钟   D. 54 分钟

5. DHCP 服务器用于自动分配以下哪些网络配置信息给客户端?(   )

    A. IP 地址   B. 子网掩码   C. 网关   D. 所有选项

6. DHCP 中继代理是用于在不同子网间转发(   )。

    A. DNS 请求   B. DHCP 请求和响应

    C. HTTP 请求   D. 所有选项

二、填空题

1. DHCP 服务器的主要功能是:动态分配_____。

2. DHCP 客户端获取 IP 地址的过程包括_____、_____、_____、_____四个步骤。

3. 当 DHCP 客户端所使用的 IP 地址到达租约时间时,DHCP 客户端会_____。

4. 当 DHCP 客户端不能联系到 DHCP 服务器或租用失败时,将会使用自动私有 IP 地址段_____。

5. 在 DHCP 中继代理中,【跃点计数阈值】是指_____。

6. DHCP 服务器的基本配置包括设置 IP 地址范围、_____、租期等参数。

7. DHCP 服务器可以通过设置_____来限制特定客户端的 IP 地址分配。

三、实训题

五桂山公司旗下的一个子公司,近期进行公司业务拓展,现有的 IP 地址已经不能满足公司运行的需求,五桂山公司要求为该子公司配置一台 DHCP 服务器。

要求:

(1) DHCP 服务器能为客户端自动分配 IP 地址;

(2) 部分职位人员的计算机 IP 地址固定;

(3) 为不同的部门提供不同网段的 IP 地址分配;

(4) 在服务器出现突然死机或者硬件故障的时候,能快速恢复 DHCP 服务器并且保留原有的配置信息。

项目 5 文件服务器的配置与管理

本章系统介绍文件服务器的理论知识,文件服务器的基本配置,文件共享、枚举功能与测试,以及文件屏蔽功能与配置全局配额的基本配置。

通过本章的学习应该完成以下目标:
- 理解文件服务器的理论知识;
- 掌握文件服务器的基本配置;
- 掌握文件共享的基本配置;
- 掌握枚举功能与测试的基本配置;
- 掌握文件屏蔽功能与配置全局配额的基本配置。

5.1 项目背景

五桂山公司是一家视频网络公司,公司每天都有大量的视频需要剪辑和各种图片素材需要修改,由于存储量比较大,传输过程极为不便,为了让传输速度更快,更方便查找各自所需的资源,公司决定在企业内网部署一台文件服务器,使得企业内网的用户可以更快下载到所需资源。公司的网络管理部门将在原内网的基础上配置一台新的 Windows Server 2022 服务器(IP:10.6.64.8/24)来做文件服务器。网络拓扑图如图 5-1 所示。

图 5-1 公司网络拓扑图

5.2　知识引入

5.2.1　文件服务器的概念

文件服务器在局域网中非常重要,用来提供网络文件共享、网络文件的权限保护及大容量的磁盘存储空间等服务。文件服务器可以是一台普通的个人计算机,它处理文件要求并在网络中发送它们。在更复杂的网络中,文件服务器也可以是一台专门的网络附加存储(NAS)设备,它也可以作为其他计算机的远程硬盘驱动器来运行,并允许网络中的人,像在他们自己的硬盘中一样,在服务器中存储文件。

5.2.2　文件共享及权限

1. 文件共享

文件共享是指主动地在局域网上共享自己的计算机文件,以供给其他计算机使用,一般文件共享使用 P2P(Point-to-Point,点对点)模式。

2. 文件共享权限

权限分为以下 7 种方式:完全控制、修改、读取和运行、列出文件夹目录、读取、写入和特别的权限。

(1) 完全控制权限:就是对共享目录及子目录的文件拥有不受限制的完全访问。地位就像 Administrators 在所有组中的地位一样。选中了"完全控制",下面的(2)～(6)五项属性将被自动选中。

(2) 修改权限:就像 Power Users,选中了"修改"权限,下面的(3)～(6)四项属性将被自动选中。下面的任何一项没有被选中时,"修改"条件将不再成立。

(3) 读取和运行权限:允许读取和运行在共享目录及子目录的文件。"列出文件夹目录"和"读取"是"读取和运行"的必要条件。

(4) 列出文件夹目录权限:此权限只能浏览共享目录及子目录的文件,不能读取,也不能运行。

(5) 读取权限:用户能够读取共享目录及子目录的文件的数据和属性。

(6) 写入权限:此权限可以更改共享目录及子目录的文件的内容,更改共享目录及子目录的文件的属性。

(7) 特别权限:对以上 6 种权限进行了细分。

5.2.3　文件共享的访问用户类型

(1) 管理员组(Administrators):默认情况下,Administrators 中的用户对计算机/域有不受限制的完全访问权。分配给该组的默认权限允许对整个系统进行完全控制。

(2) 高级用户组(Power Users):Power Users 可以执行除了为 Administrators 组保留的任务外的其他任何操作系统任务。分配给 Power Users 组的默认权限允许 Power Users 组的成员修改整个计算机的设置。但 Power Users 不具有将自己添加到 Administrators 组的权限。在权限设置中,这个组的权限是仅次于 Administrators 的。

（3）普通用户组（Users）：这个组的用户无法进行有意或无意的改动。因此，用户可以运行经过验证的应用程序，但不可以运行大多数旧版应用程序。Users 可以创建本地组，但只能修改自己创建的本地组。

（4）来宾组（Guests）：按默认值，来宾跟普通 Users 的成员有同等访问权限，但来宾账户的限制更多。

（5）所有用户组（Everyone）：这个计算机中的所有用户都属于这个组。

（6）系统账户（System）：这是 Windows 内置的系统账户，在 Windows 系统里面具有最高的权限，但是不可以把这个账户作为登录账户。

5.3　项目过程

5.3.1　任务 1　文件服务器的安装

❀ **任务分析**

根据项目情况得知如下需求：五桂山公司希望文件传输速度更快，更方便查找各自所需的资源。管理员需要在企业内网的一台 Windows Server 2022 服务器上配置一台文件服务器。接下来，将在此服务器上安装配置文件服务器。

❀ **任务实施过程**

（1）打开【选择服务器角色】，单击【添加服务器角色】，再单击【添加功能】选项。

（2）在【添加服务器角色和功能向导】中，单击【下一步】按钮。然后，在【安装类型】中选择【服务器角色或功能的安装】，单击【下一步】按钮。

（3）在【服务器选择】中，选择【从服务器池中选择服务器】，安装程序会自动检测与显示这台计算机采用静态 IP 地址设置的网络连接，单击【下一步】按钮。

（4）在【选择服务器角色】中，选择【文件和存储服务】，再选择【文件和 iSCSI 服务】，选中【文件服务器】和【文件服务器资源管理器】，单击【下一步】按钮，如图 5-2 所示。

图 5-2　选择文件服务器

（5）在这里选择需要添加的功能，如无特殊需求，一般默认即可，单击【下一步】按钮后继续单击【安装】按钮，如图 5-3 所示。

图 5-3　添加默认功能

（6）单击【关闭】按钮完成安装，如图 5-4 所示。

图 5-4　完成安装

（7）回到【服务器管理器】，单击左侧的【文件和存储服务】，即可对文件服务器进行配置、管理，如图 5-5 所示。

图 5-5　文件服务器配置管理

5.3.2　任务 2　文件服务器配置文件共享

❀ 任务分析

这里的共享方式主要有 5 种。

（1）SMB 共享-快速：最简单的方式，类似于简单共享，且类似于 public 目录，所有人都具有完全控制权限。

（2）SMB 共享-高级：在这里面可以设置对应的文件类型与配额限制，那么什么是文件类型与配额限制呢？

文件类型：文件类型这个功能是 Windows Server 2022 新增的功能，主要的用途是根据不同的文件类型可以自动或手动分类。

配额限制：Windows Server 2022 的配额限制，可以针对文件夹与磁盘两种。而 Windows Server 2022 的配额限制，可以针对文件夹和磁盘，还有特定用户的存储配额设置、配额报告和配额警告等。

（3）SMB 共享-应用程序：这个功能是专门给 Hyper-V 开发的，将一台文件服务器作为存储，然后所有的 Hyper-V 虚拟机系统存储在文件服务器上，再做一个负载、冗余。

（4）NFS 共享-快速：主要用于 Linux 服务器的共享使用，这里不做具体的说明。

（5）NFS 共享-高级：主要用于 Linux 服务器的共享使用，这里不做具体的说明。

本任务将在 C 盘新建一个 share 文件夹，并使用文件服务器进行共享配置，计算机可通过网络访问共享文件。同时，提前在计算机管理中创建一个用户 user01。

❀ 任务实施过程

（1）打开【服务器管理器】，单击【文件和存储服务】，选择【共享】，单击【若要创建文件共享,请启动新建共享向导】,如图 5-6 所示。

图 5-6　创建新的共享

（2）进入【新建共享向导】,在【选择配置文件】中选择【SMB 共享-高级】,单击【下一步】按钮,如图 5-7 所示。

图 5-7　选择【SMB 共享-高级】

（3）在【共享位置】选择【键入自定义路径】单选按钮,输入路径：C:\share,单击【下一步】按钮,并输入【共享名称】,单击【下一步】按钮,如图 5-8 和图 5-9 所示。

（4）在【其他设置】中,在【启用基于存取的枚举】【允许共享缓存】和【加密数据访问】复选框中打勾,单击【下一步】按钮,如图 5-10 所示。

图 5-8　选择物理路径

图 5-9　输入共享名称

　　(5) 在【权限】中，单击【自定义权限】按钮，会自动弹出【share 的高级安全设置】界面，单击【添加】按钮，添加共享用户，如图 5-11 和图 5-12 所示。

　　(6) 进入【share 的权限项目】界面，单击【选择主体】，自动弹出【选择用户或组】对话框，输入 user01，单击【确定】按钮，如图 5-13 和图 5-14 所示。

　　(7) 回到【share 的权限项目】界面，选择所需的【基本权限】，单击两次【确定】按钮，再单击【下一步】按钮，如图 5-15 所示。

图 5-10 配置共享设置

图 5-11 自定义权限

（8）在【管理属性】中，选择【用户文件】复选框，单击【下一步】按钮，如图 5-16 所示。

（9）在【配额】中，选择【不应用配额】单选选项，单击【下一步】按钮，再单击【创建】按钮，如图 5-17 所示。

（10）成功创建共享，单击【关闭】按钮，如图 5-18 所示。

（11）打开【我的电脑】，在地址栏输入"\\10.6.64.8"，可以看到共享的文件，如图 5-19 所示。

图 5-12　添加共享用户

图 5-13　选择主体

图 5-14　输入用户 user01

图 5-15　选择所需的权限

图 5-16　选择用户文件

图 5-17　选择【不应用配额】单选选项

图 5-18　成功创建共享

图 5-19　访问共享文件

5.3.3　任务 3　文件服务器枚举功能与测试

❈ 任务分析

基于权限的枚举功能仅显示用户有权访问的文件和文件夹。如果用户没有某个文件夹的读取（或同等）权限，Windows 将从用户视图中隐藏该文件夹。

本任务在任务 2 的基础上，将在 C 盘 share 文件夹下，创建 share01、share02 两个文件夹，使用枚举功能，使得用户 user01 只能访问 share01，用户 user02 只能访问 share02。同时，提前在计算机管理中创建用户 user01 和 user02。

❈ 任务实施过程

（1）打开【服务器管理器】，单击【文件和存储服务】→【共享】，选择中间已共享的文件

share，右击，在弹出的快捷菜单中选择【属性】命令，如图 5-20 所示。

图 5-20　打开 share 的属性

（2）打开【share 属性】界面，单击【设置】，取消勾选【加密数据访问】复选框，如图 5-21
所示。单击【权限】可以看到此时的【共享权限：所有人都只读】，此时需要设置【共享权限：
所有人都完全控制】才能进行枚举，单击【自定义权限】进行设置，如图 5-22 所示。

图 5-21　share 属性

图 5-22　单击【自定义权限】

（3）进入【share 的高级安全设置】，打开【共享】选项卡，再选中【权限条目】下的主体 Everyone，单击【编辑】按钮，进行设置，如图 5-23 所示。

图 5-23　share 的高级安全设置

（4）在【share 的权限项目】中，把 Everyone 的权限设置成完全控制，单击两次【确定】按钮，此时回到【share 属性】界面，可以看到【共享权限：所有人都完全控制】，如图 5-24 和图 5-25 所示。

（5）在 C 盘 share 目录下，创建 share01、share02 文件夹，如图 5-26 所示。

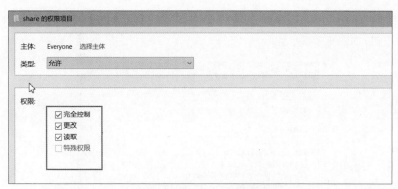

图 5-24　设置 share 的权限项目

图 5-25　Everyone 的权限设置为所有人都完全控制

图 5-26　C 盘 share 目录下的文件夹

（6）选择"share01"，右击，在弹出的快捷菜单中选择【属性】命令，在【share01 属性】中单击【高级】按钮，如图 5-27 所示。

图 5-27　share01 属性

（7）在【share01 的高级安全设置】中，单击【禁用继承】按钮，会自动弹出【阻止继承】对话框，选择【从此对象中删除所有已继承的权限】，如图 5-28 和图 5-29 所示。

图 5-28　禁用继承

图 5-29 阻止继承

（8）回到【share01 的高级安全设置】，单击【添加】按钮，在【share01 的权限项目】界面中添加用户 user01，并在【基本权限】下赋予完全控制的权限，如图 5-30 所示。

图 5-30 share01 的权限项目

（9）查看 share01 的属性，如图 5-31 所示。

（10）使用同样的方法设置 share02 的属性，查看其属性，如图 5-32 所示。

（11）在客户端 PC1 中，打开【控制面板】，选择【用户账户】，再选择【凭据管理器】，单击【添加 Windows 凭据】，输入网络地址"\\10.6.64.8"、用户名 user01 和密码，如图 5-33 所示。

（12）打开【此电脑】，在地址栏输入"\\10.6.64.8"，进入 share 目录，此时只能访问 share01 文件夹，如图 5-34 所示。

（13）以同样的方式来设置，输入网络地址"\\10.6.64.8"、用户名 user02 和密码，如图 5-35 所示。

（14）打开【此电脑】，在地址栏输入"\\10.6.64.8"，进入 share 目录，只能访问 share02 文件夹，如图 5-36 所示。

图 5-31　share01 的属性

图 5-32　share02 的属性

图 5-33　用户 user01 登录

图 5-34　用户 user01 访问共享文件

图 5-35　用户 user02 登录

图 5-36　用户 user02 访问共享文件

5.3.4　任务 4　文件屏蔽功能与配置全局配额

❋ 任务分析

五桂山公司为了防止文件服务器遭受病毒攻击,公司决定使用文件屏蔽功能,禁止存放".exe"文件。同时,公司为了更好地整合资源,决定使用配置全局配额,对个人或单个目录的局部进行限制。

本任务将对文件服务器进行文件屏蔽和配置全局配额。

❋ 任务实施过程

(1) 打开【服务器管理器】,选择【工具】→【文件服务器资源管理器】,单击【文件屏蔽管理】,选择【文件屏蔽】,单击右侧的【创建文件屏蔽】,如图 5-37 所示。

图 5-37　打开创建文件屏蔽链接

(2) 在【创建文件屏蔽】对话框中的【文件屏蔽路径】中输入"C:\share\share03",选中【从此文件屏蔽模板派生属性】单选按钮并在其下选择【阻止可执行文件】,如图 5-38 所示。

图 5-38　创建文件屏蔽

（3）回到【文件服务器资源管理器】，可以看到已创建的文件屏蔽记录，如图 5-39 所示。

图 5-39　文件屏蔽源模板

(4) 此时把一个".exe"文件放进 share03 文件夹时,会弹出【目标文件夹访问被拒绝】界面,如图 5-40 所示。

图 5-40　目标文件夹访问被拒绝

(5) 打开【服务器管理器】,单击【文件和存储服务】→【共享】,选择中间已共享的文件 share,右击,在弹出的快捷菜单中选择【配置配额】命令,如图 5-41 所示。

图 5-41　配置配额

(6) 在【配置配额】对话框中,选择【自动为所有用户创建并应用配额】复选框,文件服务器就会自动为所有用户创建并应用配额,也可不选择【自动为所有用户创建并应用配额】复选框,可按照需求选择所需的配额模板,如图 5-42 所示。

(7) 回到【服务器管理器】→【文件和存储服务】→【共享】,可以看到文件服务器给出的配额,如图 5-43 所示。

(8) 【配额】的模板:100MB 限制,如果存放的文件不足 100MB,就可以成功存放,如图 5-44 所示。

(9) 【配额】的模板:100MB 限制,此时只要存放的文件超过 100MB,就会导致传输文件失败,如图 5-45 所示。

图 5-42　配置配额

图 5-43　服务器给出的配额

图 5-44   小额存放成功

图 5-45   超额导致存放失败

5.4   项目总结

常见问题 1：创建文件共享时，最终创建 SMB 共享失败。

解决方案：创建文件共享时，文件的用户权限至少要有一个完全控制权限，如图 5-46 所示。

图 5-46   添加用户权限

常见问题 2：使用枚举功能与测试失败。

解决方案：枚举时，共享文件的共享权限必须是所有人都完全控制，如图 5-47 所示。

图 5-47　共享权限：所有人都完全控制

常见问题 3：创建自定义配置配额应用失败。

解决方案：创建自定义配置配额时，将【自动为所有用户创建并应用配额】复选框取消勾选，如图 5-48 所示。

图 5-48　配置配额：自定义配置配额

5.5 课后习题

一、选择题

1. 文件服务器的主要功能是(　　)。

    A. 收发邮件　　　　　　　　　　　B. 动态分配 IP 地址

    C. 提供文件共享服务　　　　　　　D. 远程登录

2. 下列对于文件共享叙述正确的是(　　)。

    A. 主动地在局域网上共享自己的计算机文件

    B. 被动地在局域网上共享自己的计算机文件

    C. 通过共享来获取所需的资源

    D. 通过共享来发布其他计算机的资源

3. 管理权限最高的用户是(　　)。

    A. Administrators　　　　　　　　B. Power Users

    C. Everyone　　　　　　　　　　　D. Guests

4. 文件屏蔽的作用是(　　)。

    A. 可以屏蔽特定文件类型

    B. 只屏蔽某个文件

    C. 可以屏蔽特定文件

    D. 阻止某类文件下载

5. 全局配额在企业的运营管理中起到了什么作用?(　　)

    A. 限制企业的运营效率

    B. 增加企业的运营成本

    C. 提高企业的资源利用率

    D. 减少企业的业务发展空间

二、填空题

1. 文件共享权限有 7 种,分别是_____,_____,_____,_____,_____,_____,_____。

2. 文件共享有 5 种类型,分别是_____,_____,_____,_____,_____。

3. 枚举功能的主要作用是_____。

4. 文件共享的访问用户类型有哪 6 种,分别是_____,_____,_____,_____,_____,_____。

三、项目实训题

五桂山公司是一家广告公司,如图 5-49 所示,公司每天都需要处理大量的图片素材和广告方案,文件过于庞大,公司决定部署一台文件服务器来提供文件共享,这样公司内网用户可以更快获取到各自所需的资源,同时,公司为了不让资源被滥用,使用了枚举功能,特定的用户只能访问特定的文件。请按上述需求做出合适的配置。

图 5-49　网络拓扑图

项目 6　Web 服务器的配置与管理

本章系统介绍 Web 服务器的理论知识，Web 服务器的基本配置，虚拟主机技术以及虚拟目录的基本配置。

通过本章的学习应该完成以下目标：

- 理解 Web 服务器的理论知识；
- 掌握 Web 服务器的基本配置；
- 掌握虚拟主机技术的基本配置；
- 掌握虚拟目录的基本配置。

6.1　项目背景

五桂山公司是一家电子商务公司，公司内部每天都需要更新大量的网页及内容，为了让网站能够被公司员工高效、及时更新，公司决定在企业内网搭建一台 Web 服务器，使得企业内网的用户及时更新网站以提供网购顾客浏览。公司的网络管理部门将在原企业内网的基础上配置一台新的 Windows Server 2022(IP：10.6.64.8/24)来做 Web 服务器，并使得企业内网授权用户通过 Web 服务器更新网站。网络拓扑图如图 6-1 所示。

图 6-1　网络拓扑图

6.2　知识引入

6.2.1　Web 服务器的概念

　　Web 服务器也称为 WWW(World Wide Web)服务器,主要功能是提供网上信息浏览服务。Web 由数以亿计的使用浏览器的客户端和 Web 服务器组成,这些客户端和服务器之间通过有线或无线的网络连接在一起,通过 Web 应用系统来相互交流、分享资源。

6.2.2　Web 服务器的工作过程

　　Web 服务器的工作过程由 4 个步骤完成,分别是连接过程、请求过程、应答过程以及关闭过程,如图 6-2 所示。

图 6-2　客户端与 Web 服务器的连接过程

　　(1) 连接过程:Web 服务器和其浏览器之间所建立起来的一种连接。查看连接过程是否实现,用户可以找到和打开 socket 虚拟文件,这个文件的建立意味着连接过程这一步骤已经成功建立。

　　(2) 请求过程:Web 浏览器运用 socket 文件向其服务器端提出各种请求。

　　(3) 应答过程:运用 HTTP 协议把在请求过程中所提出来的请求传输到 Web 服务器,进而实施任务处理,然后运用 HTTP 协议把任务处理的结果传输到 Web 浏览器,同时在Web 浏览器上面展示上述所请求之界面。

　　(4) 关闭连接:当上一个步骤(应答过程)完成以后,Web 服务器和其浏览器之间断开连接的过程。

6.2.3　HTTP 简介

　　超文本传输协议(Hypertext Transfer Protocol,HTTP)是一种 Web 服务器与浏览器(客户端)通过 Internet 发送与接收数据的协议。它是一个请求、响应协议——客户端发出一个请求,服务器响应这个请求。默认情况下,HTTP 通常用 TCP 端口 80,HTTPS 使用TCP 端口 443。它的第一个版本是 HTTP 0.9,然后被 HTTP 1.0 取代。当前的版本是

HTTP 1.1,由 RFC 2616 定义。

通过 HTTP,使 HTTP 客户(如 Web 浏览器)能够从 Web 服务器请求信息和服务,使浏览器更加高效,使网络传输减少。它不仅保证计算机正确快速地传输超文本文档,还确定传输文档中的哪一部分,以及哪部分内容首先显示(如文本先于图形)等。

HTTP 的主要特点可概括如下。

(1) 支持客户端/服务器(C/S)模式。

(2) 简单快速:客户端向服务器请求服务时,只需传送请求方法和路径。请求方法常用的有 GET、HEAD、POST。每种方法规定了客户与服务器联系的不同类型。由于 HTTP 简单,使得 HTTP 服务器的程序规模小,因而通信速度很快。

(3) 灵活:HTTP 允许传输任意类型的数据对象。正在传输的类型由 Content-Type 加以标记。

(4) 无连接:无连接的含义是限制每次连接只处理一个请求。服务器处理完客户的请求,并收到客户的应答后,即断开连接。采用这种方式可以节省传输时间。

(5) 无状态:HTTP 协议是无状态协议。无状态是指协议对于事务处理没有记忆能力。缺少状态意味着如果后续处理需要前面的信息,则它必须重传,这样可能导致每次连接传送的数据量增大。

6.2.4 IIS 简介

IIS 的全称是互联网信息服务(Internet Information Server),是微软公司主推、运行于 Windows 系列操作系统下互联网的基本服务。

IIS 支持 HTTP、FTP 以及 SMTP 协议,通过 IIS,开发人员就可以开发出更新颖、创新的 Web 站点。IIS 是一种 Web(网页)服务组件,其中包括 Web 服务器、FTP 服务器、NNTP 服务器和 SMTP 服务器,分别用于网页浏览、文件传输、新闻服务和邮件发送等方面,它使得在网络上发布信息成为一件很简单的事情。

6.3 项目过程

6.3.1 任务 1 Web 服务器的安装

❋ **任务分析**

根据项目背景得知如下需求:五桂山公司希望网站能够被公司员工高效、及时更新,管理员需要在企业内网的一台 Windows Server 2022 服务器上配置一台 Web 服务器。接下来,将在此服务器上安装配置 Web 服务器功能(IIS)。

❋ **任务实施过程**

(1) 打开【服务器管理器】,单击【添加角色和功能】选项。

(2) 在【添加角色和功能向导】中,单击【下一步】按钮。然后,在【安装类型】中选择【基于角色或基于功能的安装】,单击【下一步】按钮。

(3) 在【服务器选择】中,选择【从服务器池中选择服务器】,安装程序会自动检测与显示这台计算机采用静态 IP 地址设置的网络连接,单击【下一步】按钮。

（4）在【服务器角色】中，选择【Web 服务器（IIS）】，自动弹出【添加 Web 服务器（IIS）所需的功能？】对话框，单击【添加功能】按钮，单击【下一步】按钮，如图 6-3 和图 6-4 所示。

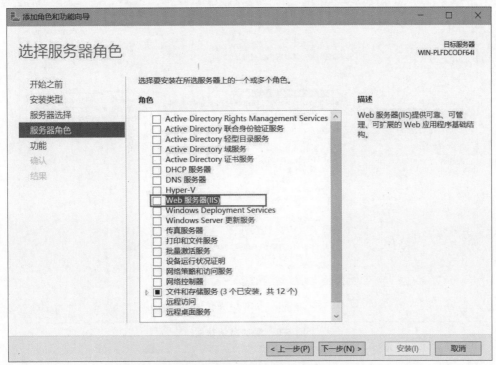

图 6-3　添加 Web 服务器（IIS）

图 6-4　添加功能

（5）在这里选择需要添加的功能，如无特殊需求，一般默认即可，单击【下一步】按钮，如图 6-5 所示。

（6）在【角色服务】中勾选所需的 Web 服务器里所需的角色（默认即可，安装完成后可更改），单击【下一步】按钮后继续单击【安装】按钮，如图 6-6 所示。

（7）单击【关闭】按钮完成安装，如图 6-7 所示。

图 6-5　添加默认功能

图 6-6　添加角色

图 6-7 完成安装

6.3.2 任务 2 创建 Web 站点

※ 任务分析

Web 站点也称网站(Website),是信息时代发展的核心,也是数十亿人在互联网上进行交互的主要工具。网页主要是文本文件格式化和超文本标记语言(HTML)。除了格式化文字之外,网页还可能包含图片、影片、声音和软件组件,这些组件会在用户的网页浏览器中呈现为多媒体内容的页面。人们可以通过网站发布自己想要公开的资源,或者利用网站提供特定的网络服务。

万维网并不等同互联网,万维网只是互联网所能提供的服务之一,是靠着互联网运行的一项服务。

在客户端浏览网站时,会在浏览器的地址栏中输入站点地址,这个地址叫做统一资源定位符(Uniform Resource Locator,URL),通俗称为网址,是 Internet 上标准资源的地址。使用 URL 可以在整个 Internet 上找到相对应的资源。URL 的标准格式如下:

> **协议类型://主机名:端口号/路径/文件名**

例如"http://www.wgs.com/cw/first.html"这个 URL 表示在"www.wgs.com"这台Web 服务器的网站主目录下的"cw"子目录下的"first.html"这个网页文件(DNS 服务器会把"www.wgs.com"这个域名解析成正确的服务器 IP 地址)。

在本任务中,将网站放置在"C:\五桂山公司网站"目录中,网站的首页为"homepage.html",在 Web 服务器上创建 Web 站点,把服务器 IP(10.6.64.8)和端口号(80)同该网站绑定,最终发布的网站能在浏览器中正常浏览。

※ 任务实施过程

（1）将网站放置在"C:\五桂山公司网站"目录中，网站的首页为"homepage.html"，如图 6-8 所示。

(a) 网站目录   (b) 文件目录

图 6-8　网站目录和 homepage.html 文件内容

（2）打开【服务器管理】，单击【工具】→【Internet Information Services（IIS）管理器】，即可进入【Internet Information Services（IIS）管理器】主窗口，如图 6-9 和图 6-10 所示。

图 6-9　打开工具

图 6-10 IIS 管理器

（3）展开左侧网站列表，右击 Default Web Site 站点，在弹出的快捷菜单中选择【管理网站】→【停止】命令，如图 6-11 所示。

图 6-11 停止默认网站

（4）右击左侧的【网站】，在弹出的快捷菜单中选择【添加网站】命令来添加网站，如图 6-12 所示。

图 6-12　选择【添加网站】命令

（5）在【添加网站】对话框中，设置网站名称、物理路径、IP 地址以及其他默认设置，单击 【确定】按钮完成网站创建，如图 6-13 所示。

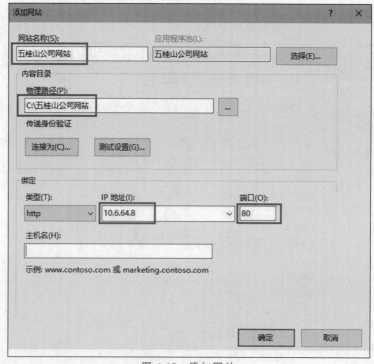

图 6-13　添加网站

（6）在 IIS 管理器选中【五桂山公司网站】，双击【默认文档】，如图 6-14 所示。

图 6-14　设置默认文档

（7）在默认文档中，单击【添加】按钮，在【名称】文本框中输入存在本地服务器上的网站首页文件（如 homepage.html），如图 6-15 所示。

图 6-15　添加默认文档

（8）在 IIS 管理器中单击右侧的【浏览网站】，或者打开浏览器，在地址栏输入"http://10.6.64.8"，即可在本机正常浏览该网站，如图 6-16 所示。

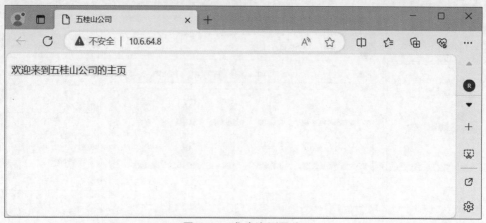

图 6-16　成功访问网站

6.3.3　任务 3　配置客户端访问 Web 站点

※ 任务分析

客户端使用浏览器访问 Web 站点，需要使用 IP 地址访问，访问的格式为"http://IP 地址：端口号"，如果端口号是 80，就可以省略端口号，否则，需要输入端口号才能正常访问。

为了方便地访问 Web 站点，需要为网站绑定域名，这样更方便记忆，访问的基本格式为"http://域名：端口号"。通过域名访问，客户端需要把域名发给 DNS 服务器，DNS 服务器把域名解析成 IP 地址，并发给客户端，客户端再通过 IP 地址访问 Web 站点。此时，需要在 Windows Server 2022 配置一台 DNS 服务器，通过添加域名和 IP 地址的映射记录，才能使用域名访问 Web 站点。

本任务将在完成任务 2 的基础上开启一台 Windows 10 系统的计算机 PC1 作为客户端，将其 IP 地址配置为与 Web 服务器同一网段(10.6.64.8/24)，再分别使用 IP 地址和域名来访问 Web 站点。

※ 任务实施过程

（1）配置客户端 IP 地址，并测试与 Web 服务器的连通性，如图 6-17 和图 6-18 所示。

（2）在客户端浏览器地址栏输入"http://10.6.64.8"，默认为 80 端口，所以不用输入端口号，如图 6-19 所示。

（3）改变 Web 站点的端口号（非 80 端口），则需要输入端口号访问，如 8080 端口，如图 6-20 所示。

使用 8080 端口访问 Web 站点，如图 6-21 所示。

注意：如果此时在浏览器的地址栏没有输入端口号，将不能打开网页，如图 6-22 所示。

（4）客户端使用域名访问 Web 站点。需要在同一台 Windows Server 2022 服务器上配置一台 DNS 服务器(10.6.64.8)，通过添加域名和 IP 地址的映射记录（域名：www.wgs.com 和 IP 地址：10.6.64.8 的映射），如图 6-23 和图 6-24 所示。

图 6-17　配置客户端 IP 地址

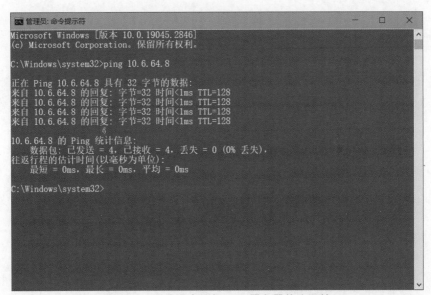

图 6-18　测试客户端与 Web 服务器的连通性

图 6-19　访问 Web 站点

图 6-20　绑定端口号为 8080

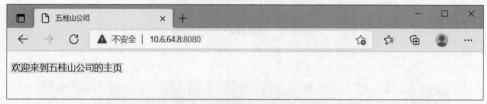

图 6-21　带端口号访问 Web 站点

图 6-22　不带端口号访问 Web 站点

图 6-23 安装 DNS 服务器

图 6-24 添加主机记录

（5）在客户机更改 TCP/IP 设置，添加 DNS 服务器地址，并测试域名解析结果，如图 6-25 和图 6-26 所示。

（6）在客户端浏览器上使用域名 URL 来访问 Web 站点，如图 6-27 所示。

6.3.4 任务 4 基于 IP 地址的多个站点的创建

※ 任务分析

在本任务中，将在服务器上绑定多个 IP 地址，通过不同的 IP 地址创建多个站点，客户端将通过不同的 IP 地址访问 Web 站点。

图 6-25　配置客户端 DNS 服务器地址

图 6-26　客户机上测试域名结果

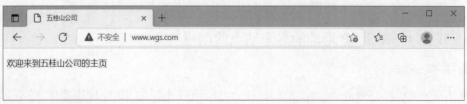

图 6-27　客户机通过域名访问 Web 站点

❋ 任务实施过程

（1）打开【网络共享中心】，单击【以太网卡】，找到【Internet 协议版本 4（TCP/IPv4）属性】，单击【高级】按钮，在【高级 TCP/IP 设置】对话框中单击【添加】按钮，进行 IP 地址添加，添加完成可查看【网络连接详细信息】，如图 6-28 和图 6-29 所示。

图 6-28　添加 IP 地址

图 6-29　网络连接详细信息

（2）在 C 盘下创建 WGS 目录，并在目录下创建三个目录 WGS-IP-1、WGS-IP-2、WGS-IP-3，并在每个目录中分别创建 first.html、second.html、third.html 文件，如图 6-30 所示。

图 6-30　C 盘 WGS 目录下的文件

（3）打开【Internet Information Services（IIS）管理器】，右击左侧的【网站】，在弹出的快捷菜单中选择【添加网站】命令来添加网站，如图 6-31 所示。

图 6-31　单击【添加网站】链接

（4）在【添加网站】对话框中，在【网站名称】文本框中输入"WGS-IP-1"，在【物理路径】文本框中输入"C:\WGS\WGS-IP-1"，在【IP 地址】文本框中选择"10.6.64.8"，单击【确定】按钮完成网站创建，如图 6-32 所示。

（5）通过选择不同的 IP 地址，可以创建不同的 IP 的网站，用同样的方法，配置基于 10.6.64.9 和 10.6.64.10 的网站，同时每个站点都添加上默认文档，如图 6-33 所示。

（6）在客户端浏览器地址栏分别输入 IP 地址：10.6.64.8、10.6.64.9、10.6.64.10，都可以正常访问，如图 6-34 所示。

图 6-32　添加网站

图 6-33　成功创建网站

图 6-34　通过不同 IP 地址访问网站

6.3.5　任务 5　基于主机名的多个站点的创建

※ 任务分析

在本任务中,将在 DNS 服务器上创建多个主机名,通过不同的主机名创建多个站点,客户端将通过不同的主机名访问 Web 站点。

※ 任务实施过程

(1) 安装 DNS 服务器,并在 DNS 服务器创建不同主机名的域名:www1.wgs.com、www2.wgs.com、www3.wgs.com,并解析到 10.6.64.8,如图 6-35 和图 6-36 所示。

图 6-35　创建不同主机名的域名

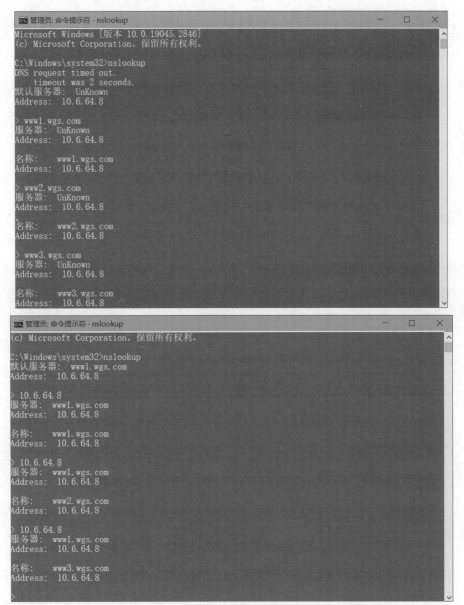

图 6-36　测试域名正反向解析

（2）在 C 盘下创建 WGS 目录，并在目录下创建三个目录 WGS-DNS-1、WGS-DNS-2、WGS-DNS-3，并在每个目录中分别创建 first.html、second.html、third.html 文件，如图 6-37 所示。

（3）打开【Internet Information Services（IIS）管理器】，右击左侧的【网站】，在弹出的快捷菜单中选择【添加网站】命令来添加网站，如图 6-38 所示。

（4）在【添加网站】对话框中，在【网站名称】文本框中输入"WGS-DNS-1"，在【物理路径】文本框中输入"C:\WGS\WGS-DNS-1"，在【主机名】文本框中输入"www1.wgs.com"，单击【确定】按钮完成网站创建，如图 6-39 所示。

（5）通过选择不同的主机名，可以创建不同主机名的网站，用同样的方法，配置基于

图 6-37　C 盘 WGS 目录下的文件

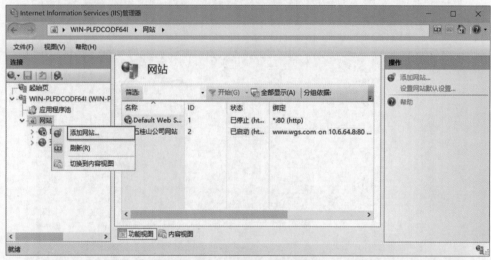

图 6-38　单击【添加网站】链接

www2.wgs.com 和 www3.wgs.com 的网站,同时每个站点都添加上默认文档,如图 6-40 所示。

（6）在客户端浏览器地址栏分别输入不同主机名的域名:www1.wgs.com、www2.wgs.com、www3.wgs.com,都可以正常访问,如图 6-41 所示。

6.3.6　任务 6　基于端口号的多个站点的创建

※ 任务分析

在本任务中,将在 Web 站点上绑定不同的端口号,通过不同的端口创建多个站点,客户端将通过不同的端口访问 Web 站点。

※ 任务实施过程

（1）在 C 盘下创建 WGS 目录,并在目录下创建三个目录 WGS-PORT-1、WGS-PORT-2、

图 6-39　添加网站

图 6-40　成功创建网站

WGS-PORT-3,并在每个目录中分别创建 first. html、second. html、third. html 文件,如图 6-42 所示。

　　(2) 打开【Internet Information Services(IIS)管理器】,右击左侧的【网站】,在弹出的快捷菜单中选择【添加网站】命令来添加网站,如图 6-43 所示。

图 6-41　通过不同主机名的域名来访问网站

图 6-42　C 盘 WGS 目录下的文件

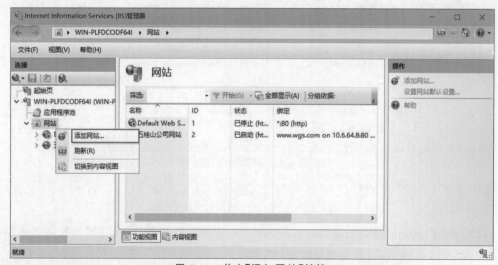

图 6-43　单击【添加网站】链接

（3）在【添加网站】对话框中，在【网站名称】文本框中输入"WGS-PORT-1"，在【物理路径】文本框中输入"C:\WGS\WGS- PORT -1"，在【端口】文本框中输入"8081"，单击【确定】按钮完成网站创建，如图 6-44 所示。

图 6-44　添加网站

（4）通过选择不同端口，可以创建不同端口的网站，用同样的方法，配置基于端口 8082 和端口 8083 的网站，同时每个站点都添加上默认文档，如图 6-45 所示。

图 6-45　成功创建网站

（5）在客户端浏览器地址栏分别输入域名加端口：www.wgs.com:8081、www.wgs.

com:8082、www.wgs.com:8083,都可以正常访问,如图 6-46 所示。

图 6-46　通过不同端口访问网站

6.3.7　任务 7　基于虚拟目录的多个站点的创建

❋ 任务分析

虚拟目录是网站中除主目录以外的其他发布目录。要从主目录以外的其他目录中进行内容发布,就必须建立虚拟目录。处理虚拟目录时,IIS 会把它作为主目录的一个普通的子目录来对待。虚拟目录有一个"别名",以供 Web 浏览器访问此目录,客户端用户访问虚拟目录时,就像访问主目录一样。

例如,某个公司有多个部门,每个部门都有自己的服务器,基于访问方便的考虑,为了让每个部门都可以访问到不同部门的资源。这种情况下,就可以把各个部门的资源的目录配置成主目录下的虚拟目录,这样在同一个目录下可以访问到不同服务器上的部门资源。

本任务中,将在"五桂山公司网站"添加两个虚拟目录:CW(财务部)、RS(人事部)。客户端将通过不同的虚拟目录来访问 Web 站点。

❋ 任务实施过程

(1) 在 C 盘下创建五桂山公司网站的目录,并在目录下创建两个目录 CW、RS,并在每个目录中分别创建 first.html、second.html 文件,如图 6-47 所示。

(2) 打开【Internet Information Services(IIS)管理器】,找到【五桂山公司网站】右击,在弹出的快捷菜单中选择【添加虚拟目录】命令,如图 6-48 所示。

(3) 在【添加虚拟目录】对话框的【别名】文本框中输入"CW",在【物理路径】文本框中输入"C:\五桂山公司网站\CW",单击【确定】按钮,如图 6-49 所示。

(4) 使用同样的方法,配置虚拟目录的网站,物理路径:C:\五桂山公司网站\RS,同时每个站点都添加上默认文档,如图 6-50 所示。

(5) 在客户端浏览器地址栏分别输入域名虚拟目录:www.wgs.com\CW、www.wgs.com\RS,都可以正常访问,如图 6-51 所示。

图 6-47　C 盘五桂山公司网站目录下的文件

图 6-48　添加虚拟目录

图 6-49　设置虚拟目录的属性

图 6-50　查看新建的虚拟目录

图 6-51　客户端通过虚拟目录访问 Web 站点

6.3.8　任务 8　通过 FTP 更新 Web 站点

❋ 任务分析

五桂山公司的网络编辑部每天有大量的图片、视频的素材,文档等文件要处理,由于网站更新需要直接到服务器上进行文件更新很不方便,公司希望能通过 FTP 服务实现该网站的远程更新。

本任务中,需要在安装 IIS 服务器时,同时安装 Web 服务和 FTP 服务,将网站在该服务器上发布,并且通过创建 FTP 站点的主目录和网站的主目录一致,这样网站管理员在更新 FTP 站点时就更新了 Web 站点,实现了 Web 站点的远程更新。

❋ 任务实施过程

(1) 打开【Internet Information Services(IIS)管理器】,找到【网络编辑部】网站右击,在弹出的快捷菜单中单击【添加 FTP 发布】命令,如图 6-52 所示。

图 6-52 添加 FTP 发布

（2）打开【绑定和 SSL 设置】界面，在【IP 地址】文本框中输入"10.6.64.8"，在 SSL 下选择【无 SSL】，单击【下一步】按钮，如图 6-53 所示。

图 6-53 绑定和 SSL 设置

（3）在【身份验证和授权信息】界面中，选中【匿名】【读取】【写入】复选框，在【允许访问】下选择【所有用户】选项，单击【完成】按钮，如图6-54所示。

图6-54　身份验证和授权信息

（4）在客户端使用FTP客户端更新前访问网络编辑部的网站http://web.wgs.com，如图6-55所示。

图6-55　更新前访问网络编辑部网站

（5）在客户端用FTP客户端软件（FlashFXP）登录FTP服务器，如图6-56所示，此时，可以进行上传和删除网站文件，实现了网站的更新。

（6）在客户端使用FTP客户端更新后访问网络编辑部的网站http://web.wgs.com，如图6-57所示。

图 6-56 通过 FTP 客户端更新 Web 站点目录文件

图 6-57 更新后访问网络编辑部网站

6.4 项目总结

常见问题 1：网页物理路径放错，导致找不到文件。

解决方案：先创建好文件夹和网页，并且命名要见名知义，容易查找。例如，建立财务部、人事部作为虚拟目录，命名可以是 CW、RS，即财务部、人事部的首字母大写，当然也可使用更加鲜明、更容易记住的名称，如图 6-58 所示。

常见问题 2：默认文档没有添加，访问不了网站。

解决方案：设置好网站后，先检查有没有添加默认文档，再进行浏览，如图 6-59 所示。

常见问题 3：权限不足，访问不了网站或者 FTP 更新不了网站。

解决方案：在网站主页"编辑权限"→"安全"→"编辑"→"添加"处添加 Everyone，即可解决权限问题，如图 6-60 所示。

常见问题 4：端口号不一致，访问不了网站。

解决方案：访问时要查看端口号是否一致，如果不一致要改正过来。例如，如果网站绑定的端口号为 8080，在网址后面就要添加 8080 端口号，才能正常访问。这时使用其他端口号都不能正常访问，如图 6-61 和图 6-62 所示。

图 6-58　C 盘五桂山公司网站文件下的目录

图 6-59　添加默认文档

图 6-60　添加 Everyone 用户

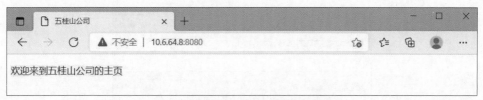

图 6-61　使用 8080 端口号访问网站

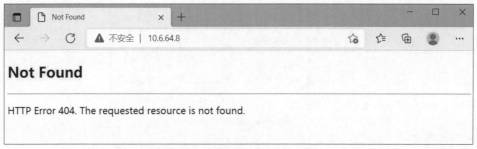

图 6-62　使用 80 端口号访问网站

常见问题 5：客户端访问网站，解析域名失败，导致访问不了网站。

解决方案：客户端在【Internet 协议版本 4（TCP/IPv4）属性】中，需要添加 DNS 服务器所在 IP 地址（如：10.6.64.8），如图 6-63 所示。

图 6-63　添加 DNS 服务器地址

常见问题 6：客户端用域名访问网站，域名访问失败，导致访问不了网站。

解决方案：在服务端的【DNS 管理器】中，通过【新建主机】添加相对应的域名和 IP 地址，才能正常用域名访问网站，如图 6-64 所示。

图 6-64　添加主机名

6.5　课后习题

一、选择题

1. Web 服务器通过 HTTP 的(　　)号端口来发布网站。

    A. 21　　　　　　　　B. 8080　　　　　　　C. 80　　　　　　　D. 443

2. HTTPS 通过(　　)号端口来发布安全网站。

    A. 21　　　　　　　　B. 8080　　　　　　　C. 80　　　　　　　D. 443

3. Web 服务器的主要功能是(　　)。

    A. 远程登录　　　　　　　　　　　B. 查询域名来解析 IP 地址

    C. 动态分配 IP 地址　　　　　　　D. 发布网站供用户浏览

4. HTTP 的中文全称是(　　)。

    A. 万维网　　　　　　　　　　　　B. 超文本传输协议

    C. 动态主机配置协议　　　　　　　D. 超文本标记语言

5. IIS 的含义是(　　)。

    A. 互联网信息服务　　　　　　　　B. 域名

    C. 动态主机配置协议　　　　　　　D. 动态活动目录

6. URL 的作用是(　　)。

    A. 收发邮件　　　　　　　　　　　B. 定位 Internet 上标准资源的地址

    C. 传输网上所有类型的文件　　　　D. 网络地址转换

7. 虚拟目录是(　　)。

    A. Web 服务器所在的主目录下的子目录

    B. Web 服务器所在的主目录

    C. 位于计算机文件系统下的目录

    D. 一个特定的目录路径

8. URL 的标准格式是以下哪一种?(　　)

A. 协议类型://主机名:路径/端口号/文件名

B. 协议类型://主机名:端口号/路径/文件名

C. 协议类型://主机名:端口号/文件名/路径

D. 协议类型://主机名:路径/文件名/端口号

二、填空题

1. Web 服务器的工作原理的 4 个步骤是_____,_____,_____,_____。

2. IIS 包括的主要服务有_____,_____,_____,_____。

3. HTTP 的主要特点有_____,_____,_____,_____,_____。

4. Web 服务器的主要功能是提供_____和_____服务,使得用户可以通过_____访问互联网上的资源。

5. IIS 支持的协议有_____,_____,_____。

三、项目实训题

五桂山公司有两个分公司,如图 6-65 所示,总公司和分公司各自的主页都进行单独规划建设,总公司有 Web 服务器(10.6.6.8),各分公司的主页需要存放在总公司的 Web 服务器上,分公司各部门的主页分别存放在分公司的主目录下,各分公司都有一个网站管理员,可通过 FTP 更新 Web 站点。请按上述需求做出合适的配置。

提示:

(1) 需要安装 DNS 服务器。

(2) 各分公司的主页可用不同主机名区分。

(3) 各部门的主页可使用虚拟目录技术。

深圳总公司:
www1.wgs.com
www1.wgs.com/cw
www1.wgs.com/rs

广州分公司:
www2.wgs.com
www2.wgs.com/cw
www2.wgs.com/rs

中山分公司:
www3.wgs.com
www3.wgs.com/cw
www3.wgs.com/rs

图 6-65 网络拓扑图

项目 7　FTP 服务器的配置与管理

本章系统介绍 FTP 服务器的理论知识,FTP 服务器的基本配置;基于主机头、IP 地址和端口号的多个 FTP 站点的创建;是否有域控情况下用户的配置和虚拟主机技术以及虚拟目录的基本配置,以及常用 FTP 软件 Serv-U 的使用。

通过本章的学习应该完成以下目标:

- 理解 FTP 服务器的理论知识;
- 掌握 FTP 服务器的基本配置;
- 掌握基于主机头、IP 地址和端口号的多个 FTP 站点的创建;
- 掌握是否有域控情况下用户的配置;
- 掌握虚拟主机技术的基本配置;
- 掌握常用 FTP 软件 Serv-U 的使用。

7.1　项目背景

五桂山公司是一家具有多家分公司的电子商务公司,该公司计划设计 FTP 服务器,为全公司员工提供文件服务。总 FTP 服务器由位于中山的总公司统一管理建设,各个部门的 FTP 服务由部门单独规划建设。总公司有一台新的独立服务器专门作为 FTP 服务器(IP 地址为 10.6.64.8/24),各个部门的 FTP 服务可以放在总公司的服务器上,也可以放置在自己部门的服务器上。另外,广州分公司和珠海分公司都有自己的 FTP 服务器,也需要在总公司这台服务器上安装与部署,网络拓扑图如图 7-1 所示。

图 7-1　网络拓扑图

7.2 知识引入

7.2.1 什么是 FTP

FTP 是 File Transfer Protocol(文件传输协议)的英文简称,用于 Internet 上控制文件的双向传输,是网络上用来传输文件的应用层协议。用户通过 FTP 登录 FTP 服务器,查看该服务器的共享文件,也可以把共享文件从服务器上下载到本地客户端,或者把本地客户端的文件上传到服务器。同时,FTP 支持对登录用户进行身份验证,并且可以设置不同用户的访问权限。此外,它也是一个应用程序(Application)。基于不同的操作系统(Windows、UNIX、Linux、macOS 等)有不同的 FTP 应用程序,而所有这些应用程序都遵守同一种协议以传输文件。

7.2.2 FTP 的工作原理

FTP 承载于 TCP 之上,在 TCP/IP 协议中,FTP 使用两条连接来完成文件传输,一条连接用于传送控制信息(命令和响应),另一条用于数据发送,如图 7-2 所示。在服务器端,控制连接的默认端口号为 21,它用于发送指令给服务器以及等待服务器响应;数据连接的默认端口号为 20(PORT 模式下),用于建立数据传输通道。

图 7-2 FTP 的工作原理

FTP 是 TCP/IP 的一种具体应用,它工作在 OSI 模型的第七层,TCP 模型的第四层上,即应用层,使用 TCP 传输而不是 UDP,这样 FTP 客户端在和服务器建立连接前就要经过一个被广为熟知的“三次握手”的过程,它带来的意义在于客户端与服务器之间的连接是可靠的,而且是面向连接,为数据的传输提供了可靠的保证。采用 FTP 协议可使 Internet 用户高效地从网上的 FTP 服务器下载大信息量的数据文件,将远程主机上的文件复制到自己的计算机上。以达到资源共享和传递信息的目的。由于 FTP 的使用使得 Internet 上出现大量为用户提供的下载服务。Internet 成了一个巨型的软件仓库。FTP 在文件传输中还支持断点续传功能,可以大幅度地减小 CPU 和网络带宽的开销。

7.2.3 FTP 的连接模式

FTP 的连接模式有 PORT 和 PASV 两种,其中 PORT 模式是主动模式,PASV 模式为被动模式,这里所说的主动和被动都是相对于服务器所说的。如果是主动模式,数据连接端口默认为 20,如果是被动模式,则由服务器端和客户端协商而定。

1. 主动模式(PORT)

FTP 客户机向服务器的 FTP 控制端口(默认是 21)发送请求,服务器接收连接,建立一条命令链路,当需要传送数据的时候,客户端在命令链路上用 PORT 命令告诉服务器:"我打开了某个端口,你过来连接我"。于是服务器从 20 端口向客户端的该端口发送连接请求,建立一条数据链路来传送数据。在数据链路建立的过程中是服务器主动请求,所以称为主动模式。在主动模式中,服务器用 20 号端口,主动连接客户机的大于 1024 的随机端口。

2. 被动模式(PASV)

FTP 客户端向服务器的 FTP 控制端口发送连接请求,服务器接收连接,建立一条命令链路,当需要传送数据的时候,服务器在命令链路上用 PASV 命令告诉客户端:"我打开了某端口,你过来连接我。"于是客户端向服务器的该端口发送连接请求,建立一条数据链路来传送数据。在数据链路建立的过程中是服务器被动等待客户端请求,所以称为被动模式。在被动模式中,客户机用大于 1024 的随机端口,主动连接服务器大于 1024 的随机端口。

在 Windows Server 2022 服务器中,FTP 服务器既支持主动模式传输数据也支持被动模式传输数据。但是在 FTP 客户端上,如果需要支持被动模式传输数据,则必须在客户端上做出合适的配置。

7.2.4　FTP 的传输模式

FTP 的传输模式有两种:ASCII 传输模式和二进制传输模式。

1. ASCII 传输模式

假定用户正在复制的文件包含简单 ASCII 码文本,如果在远程计算机上运行的是不同的操作系统,当文件传输时 FTP 通常会自动地调整文件的内容以便把文件解释成另外那台计算机存储文本文件的格式。但是常常有这样的情况,用户正在传输的文件包含的不仅是文本文件,它们可能是程序、数据库、字处理文件或者压缩文件(尽管字处理文件包含的大部分是文本,其中也包含有指示页尺寸、字库等信息的非打印字符)。在复制任何非文本文件之前,用 binary 命令(将文件传输类型设置为二进制)告诉 FTP 逐字复制,不要对这些文件进行处理,这也是下面要讲的二进制传输。

2. 二进制传输模式

在二进制传输中,保存文件的位序,以便原始和复制的是逐位一一对应的。即使目的地机器上包含位序列的文件是没意义的。例如,FTP 服务器以二进制方式传送可执行文件到 Windows 系统,在对方系统上,此文件不能执行,但是,可以从该系统上以二进制的方式复制到另一台 FTP 服务器上,文件依然是可以执行的。

如果在 ASCII 方式下传输二进制文件,即使不需要也仍会转译。这会使传输稍微变慢,也会损坏数据,使文件变得不能用。由此可知,用户知道传输的是什么类型的数据是非常重要的。

7.3　项目过程

7.3.1　任务 1　FTP 服务器的安装

❋ 任务分析

根据项目背景得知如下需求：五桂山公司将在原企业内网的基础上配置一台新的 Windows Server 2022 服务器（IP：10.6.64.8/24）来做 FTP 服务器。接下来，将在此服务器上安装 FTP 服务器功能来满足该需求。

❋ 任务实施过程

（1）打开【服务器管理器】，单击【添加角色和功能】按钮，进入【添加角色和功能向导】。

（2）单击【下一步】按钮，选择【基于角色或基于功能的安装】。

（3）单击【下一步】按钮，选择【从服务器池中选择服务器】，安装程序会自动检测与显示这台计算机采用静态 IP 地址设置的网络连接。

（4）单击【下一步】按钮，在【服务器角色】中选择【Web 服务器（IIS）】，自动弹出【添加 Web 服务器（IIS）所需的功能】对话框，单击【添加功能】按钮，如图 7-3 所示。

图 7-3　添加所需功能

（5）单击【下一步】按钮，选择需要添加的功能，如无特殊需求，一般默认即可，如图 7-4 所示。

（6）单击【下一步】按钮，在【角色服务】中勾选【FTP 服务器】，如图 7-5 所示。

（7）单击【下一步】按钮，在【确认】对话框中确认所需安装的角色、角色服务或功能，单击【安装】按钮，如图 7-6 所示。

图 7-4　继续添加所需功能

图 7-5　添加角色服务

图 7-6　确认所安装的内容

（8）单击【关闭】按钮完成安装，如图 7-7 所示。

图 7-7　完成安装

7.3.2 任务2 创建 FTP 站点

❈ 任务分析

根据项目背景得知如下需求：五桂山公司需要在 Windows Server 2022 服务器（IP：10.6.64.8/24）上创建新的 FTP 站点，使得公司内部员工可以使用 FTP 获取所需的文件。此站点文件本地所在位置为 C:\FTP。

❈ 任务实施过程

（1）打开【服务器管理器】，单击【工具】，选择【Internet Information Services（IIS）管理器】，如图 7-8 所示。

图 7-8　打开 IIS 管理器

（2）右击【网站】，在弹出的快捷菜单中选择【添加 FTP 站点】命令，如图 7-9 所示。

图 7-9　添加 FTP 站点

（3）在【添加 FTP 站点】对话框中，输入 FTP 站点的名称，设置该站点所提供文件的本地所在位置，单击【下一步】按钮，如图 7-10 所示。

图 7-10　设置 FTP 站点信息

（4）设置 FTP 站点的绑定 IP 地址和端口号，在 SSL 选项中，选择【无 SSL】（FTP 的数据传输是明文传输，如果需要在安全性较高的环境下使用，可以选择【允许 SSL】和【需要 SSL】），单击【下一步】按钮，如图 7-11 所示。

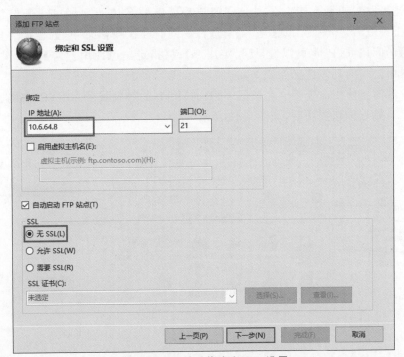

图 7-11　IP 地址绑定和 SSL 设置

（5）设置 FTP 站点的身份验证、授权和权限。在【身份验证】中勾选【基本】复选框。在【授权】中选择【所有用户】均可访问。在【权限】中勾选【读取】和【写入】两个权限，单击【完成】按钮,如图 7-12 所示。

图 7-12　设置身份验证和授权信息

　　在身份验证中,如果五桂山公司允许客户端能够匿名访问,则勾选【身份验证】的【匿名】。如果拒绝匿名访问,则勾选【基本】复选框。同时在授权信息中,五桂山公司可以允许【所有用户】访问该 FTP,也可以选择【指定用户】或【指定角色或用户组】访问该 FTP,具体的访问权限由公司的具体情况而定。

　　当客户端需要使用命令行匿名访问 FTP 时,FTP 的登录账号为 FTP,密码为空。

　　(6) FTP 站点创建成功后,如图 7-13 所示。

图 7-13　FTP 站点图

7.3.3 任务 3 配置客户端访问 FTP 站点

❈ 任务分析

当 FTP 服务器站点配置完成后,用户即可在客户端访问 FTP 站点了。客户端访问 FTP 站点的完整 URL 为 ftp://IP 地址:FTP 服务器端口号。此处的 IP 地址和端口号为 FTP 站点绑定的 IP 地址的端口号。

在此处中,假定五桂山公司已有用户 user(用户可以在 FTP 站点所在的服务器中的计算机管理中添加)。

❈ 任务实施过程

(1) 配置客户端 IP 地址,并且测试客户端与 FTP 服务器的连通性,如图 7-14 和图 7-15 所示。

图 7-14 配置客户端 IP 地址

(2) 打开【此电脑】(也可以使用浏览器),使用完整的 URL 访问 FTP 站点:ftp://10.6. 64.8,输入正确的用户名 user 以及对应的密码(如果 FTP 服务器站点允许用户匿名登录则无须使用用户名登录,直接进入 FTP 站点所提供的文件),如图 7-16 所示。

(3) 成功登录 FTP 站点后,用户可以查看 FTP 站点里面的文件,同时用户可以根据自身的需求,从服务器中下载(直接复制到本地)或者上传文件(直接从本地复制文件粘贴),如图 7-17 所示。

(4) 在用户登录服务器的同时,在服务器端的 FTP 站点管理中的【FTP 当前会话】中会监视当前的会话访问,如图 7-18 所示。

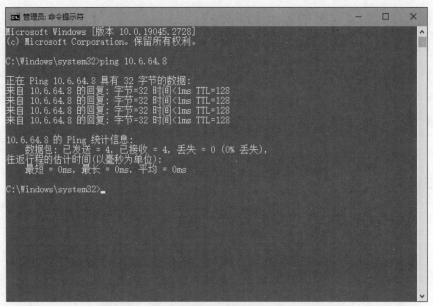

图 7-15　测试客户端和 FTP 服务器的连通性

图 7-16　输入用户名和密码

7.3.4　任务 4　基于 IP 地址的多个 FTP 站点的创建

❋ 任务分析

根据项目背景可知,五桂山公司的总公司在中山,在珠海和广州各有一个分公司。根据五桂山公司的需求,同样需要为珠海分公司和广州分公司创建 FTP 站点,所以在 Windows

图 7-17　成功登录 FTP 服务器

图 7-18　FTP 当前会话

Server 2022 服务器上需要创建多个 FTP 站点。

在服务器上创建多个 FTP 站点时,可以基于 IP 地址、基于端口号和基于主机头。下面将要做的是基于 IP 地址的多个站点的创建。

在此处,中山总公司 FTP 站点文件在本地 C:\FTP\中山总公司;珠海分公司 FTP 站点文件在本地 C:\FTP\珠海分公司;广州分公司 FTP 站点文件在本地 C:\FTP\广州分公司。

※ 任务实施过程

(1) 由于任务需要,我们额外添加两个 IP 地址。打开【网络和 Internet 设置】,单击【更改适配器选项】,单击【以太网卡】,找到【Internet 协议版本 4(TCP/IPv4)】,单击【高级】按钮,单击【添加】按钮,进行 IP 地址的添加,添加完成可查看【网络连接详细信息】,如图 7-19 和图 7-20 所示。

图 7-19　添加 IP 地址

图 7-20　网络连接详细信息

（2）在 C 盘下创建 FTP 站点目录，并在目录下创建三个目录：中山总公司、珠海分公司和广州分公司，并在每个目录中分别创建中山总公司.txt、珠海分公司.txt、广州分公司.txt 文件，如图 7-21 所示。

图 7-21　FTP 站点目录

（3）创建第一个 FTP 站点：中山总公司，打开【服务器管理器】，单击【工具】，选择【Internet Information Services(IIS)管理器】，如图 7-22 所示。

图 7-22　打开 IIS 管理器

（4）右击【网站】，在弹出的快捷菜单中选择【添加FTP站点】命令，如图7-23所示。

图7-23 添加FTP站点

（5）在【添加FTP站点】对话框中，输入FTP站点的名称，设置该站点所提供文件的本地所在位置，单击【下一步】按钮，如图7-24所示。

图7-24 设置FTP站点信息

（6）设置FTP站点的绑定IP地址（IP：10.6.64.8/24）和端口号（21），在SSL选项中，选择【无SSL】，单击【下一步】按钮，如图7-25所示。

（7）设置FTP站点的身份验证、授权和权限。在【身份验证】中，勾选【基本】复选框。在【授权】中，选择【所有用户】均可访问。在【权限】中，勾选【读取】和【写入】两个权限，单击【完成】按钮，完成中山总公司FTP站点的创建，如图7-26所示。

（8）按照上述操作步骤创建珠海分公司和广州分公司的FTP站点。珠海分公司FTP

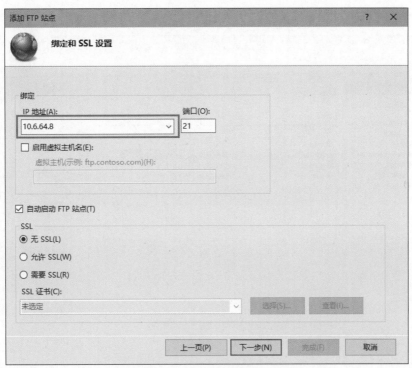

图 7-25 IP 地址绑定和 SSL 设置

图 7-26 设置身份验证和授权信息

站点 IP 地址为 10.6.64.18,广州分公司 FTP 站点 IP 地址为 10.6.64.28。基于 IP 的三个 FTP 站点创建成功后,如图 7-27 所示。

图 7-27 FTP 站点图

(9) 在客户端打开【此电脑】,在地址栏中分别输入:ftp://10.6.64.8、ftp://10.6.64.18、ftp://10.6.64.28 访问相应的 FTP 站点,如图 7-28 所示。

图 7-28 通过不同的 IP 地址访问相应的 FTP 站点

7.3.5　任务 5　基于端口号的多个 FTP 站点的创建

❉ 任务分析

根据任务 4 的任务分析,下面将做基于端口号的多个站点的创建。

❉ 任务实施过程

(1) 创建第一个 FTP 站点:中山总公司,右击【网站】,在弹出的快捷菜单中选择【添加 FTP 站点】命令,如图 7-29 所示。

图 7-29　添加 FTP 站点

(2) 在【添加 FTP 站点】对话框中,输入 FTP 站点的名称,设置该站点所提供文件的本地所在位置,单击【下一步】按钮,如图 7-30 所示。

图 7-30　设置 FTP 站点信息

（3）设置 FTP 站点的绑定 IP 地址（IP：10.6.64.8/24）和端口号（21），在 SSL 选项中，选择【无 SSL】，单击【下一步】按钮，如图 7-31 所示。

图 7-31　IP 地址绑定和 SSL 设置

（4）设置 FTP 站点的身份验证、授权和权限。在【身份验证】中，勾选【基本】复选框。在【授权】中，选择【所有用户】均可访问。在【权限】中，勾选【读取】和【写入】两个权限，单击【完成】按钮，完成中山总公司 FTP 站点的创建，如图 7-32 所示。

图 7-32　设置身份验证和授权信息

（5）按照上述操作步骤创建珠海分公司和广州分公司的 FTP 站点。珠海分公司 FTP 站点使用 121 号端口，广州分公司 FTP 站点使用 221 号端口。基于端口号的三个 FTP 站点创建成功后，如图 7-33 所示。

图 7-33　FTP 站点图

（6）在客户端打开【此电脑】，在地址栏中分别输入：ftp://10.6.64.8:21、ftp://10.6.64.8:121、ftp://10.6.64.8:221 访问相应的 FTP 站点，如图 7-34 所示。

图 7-34　通过不同的端口号访问相应的 FTP 站点

7.3.6 任务6 基于主机头的多个FTP站点的创建

❋ 任务分析

根据任务4的任务分析,下面将做基于主机头的多个站点的创建。

❋ 任务实施过程

(1) 在此任务中,需要在服务器中安装DNS服务器,在DNS服务器中新建一个正向查找区域"wgs.com",并在该区域下新建三个主机:zs.wgs.com、zh.wgs.com、gz.wgs.com,三个主机的IP地址均为10.6.64.8,如图7-35所示。

图7-35 DNS配置图

(2) 创建第一个FTP站点:中山总公司,右击【网站】,在弹出的快捷菜单中选择【添加FTP站点】命令,如图7-36所示。

图7-36 添加FTP站点

（3）在【添加 FTP 站点】对话框中，输入 FTP 站点的名称，设置该站点所提供文件的本地所在位置，单击【下一步】按钮，如图 7-37 所示。

图 7-37 设置 FTP 站点信息

（4）设置 FTP 站点的绑定 IP 地址（IP：10.6.64.8/24）和端口号（21），勾选【启用虚拟主机名】复选框，输入"zs.wgs.com"（中山总公司虚拟主机名），在 SSL 选项中，选择【无 SSL】单选按钮，单击【下一步】按钮，如图 7-38 所示。

图 7-38 IP 地址绑定、启用虚拟主机名和 SSL 设置

（5）设置 FTP 站点的身份验证、授权和权限。在【身份验证】中,勾选【基本】复选框。在【授权】中,选择【所有用户】均可访问。在【权限】中,勾选【读取】和【写入】两个权限,单击【完成】按钮,完成中山总公司 FTP 站点的创建,如图 7-39 所示。

图 7-39　设置身份验证和授权信息

（6）按照上述操作步骤创建珠海分公司和广州分公司的 FTP 站点。珠海分公司 FTP 站点使用的主机头为 zh.wgs.com,广州分公司 FTP 站点使用的主机头为 gz.wgs.com。基于主机头的三个 FTP 站点创建成功后,如图 7-40 所示。

图 7-40　FTP 站点图

（7）在客户端打开【此电脑】，在地址栏中分别输入：ftp://zs.wgs.com、ftp://zh.wgs.com、ftp://gz.wgs.com 访问相应的 FTP 站点，如图 7-41 所示。

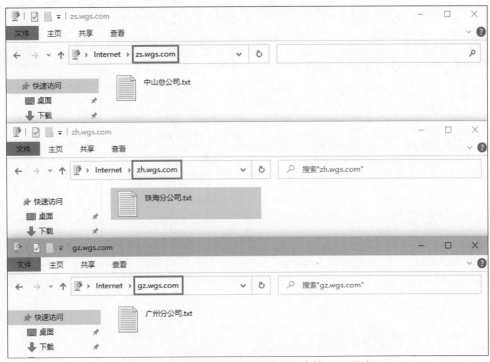

图 7-41　通过不同的主机头访问相应的 FTP 站点

7.3.7　任务 7　基于虚拟目录的多个 FTP 站点的创建

❋ **任务分析**

根据五桂山公司的需求，需要为中山总公司的人事部和财务部两个部门也创建 FTP 站点，由于这两个部门都属于中山总公司内部，所以我们可以使用虚拟目录的技术来实现此需求。

在此任务中，人事部文件所在本地位置为 C:\FTP\LocalUser\rsb；财务部文件所在本地位置为 C:\FTP\LocalUser\cwb。

❋ **任务实施过程**

（1）右击【中山总公司】站点，在弹出的快捷菜单中选择【添加虚拟目录】命令，如图 7-42 所示。

（2）在【添加虚拟目录】对话框中，填写虚拟目录别名（人事部）和文件所在的本地物理路径，单击【确定】按钮，完成虚拟目录的创建，如图 7-43 所示。

（3）根据上述步骤，建立财务部的虚拟目录，如图 7-44 所示。

（4）虚拟目录建立完成后，如图 7-45 所示。

（5）在客户端打开【此电脑】，在地址栏中分别输入：ftp://zs.wgs.com/cwb、ftp://zs.wgs.com/rsb 访问相应的虚拟目录，如图 7-46 所示。

图 7-42　添加虚拟目录

图 7-43　人事部虚拟目录

图 7-44　财务部虚拟目录

图 7-45　虚拟目录

图 7-46　访问虚拟目录

7.3.8　任务 8　没安装域的隔离用户配置

❋ 任务分析

根据五桂山公司的反映,"中山总公司"FTP 站点运作之后,财务部和人事部的文件经常被其他部门用户误删、误改,所以我们将对站点"中山总公司"进行 FTP 用户的隔离。在FTP 服务器上配置用户隔离后,当用户使用不同的用户名登录时,会看到不同的文件,而且这些文件目录之间是互相隔离的,某个用户的操作只对其所在目录有影响,不会影响其他用户的目录文件。

❋ 任务实施过程

(1)在做此任务时,我们需要在服务器上的【计算机管理】上新建两个用户 rsb(人事部)和 cwb(财务部),如图 7-47 所示。

(2)做用户隔离时,对 FTP 站点文件有一定的规划结构:在 FTP 站点的主目录下(此任务中为 C:\FTP),创建一个名为 LocalUser 的子文件夹,在 LocalUser 子文件夹下创建若干与用户账户一一对应的文件夹(此任务中为 rsb 和 cwb 两个文件夹)。如果需要允许匿名方式登录,需要在 LocalUser 的子文件夹下创建一个 Public 文件夹,匿名用户登录直接进入该文件夹,如图 7-48 所示。

(3)打开【IIS 管理器】,单击打开【中山总公司】FTP 站点管理界面,双击打开【FTP 用户隔离】,选择【用户名目录(禁用全局虚拟目录)】,单击右侧【应用】按钮使配置生效,如图 7-49 和图 7-50 所示。

(4)开启用户隔离配置后,在客户端登录【中山总公司】站点时,使用 rsb 和 cwb 两个不同的账号登录后会看到不一样的目录,如图 7-51 和图 7-52 所示。

图 7-47　创建用户

图 7-48　FTP 文件

图 7-49 设置 FTP 用户隔离

图 7-50 启用新的 FTP 用户隔离设置

图 7-51　用户 rsb 登录后看到的目录结构

图 7-52　用户 cwb 登录后看到的目录结构

7.3.9　任务 9　域环境下的隔离用户配置

❊ 任务分析

在任务 8 的基础上,在域环境下做 FTP 站点【中山总公司】的用户隔离。

注意:在域环境下无法使用匿名登录 FTP 站点。

❊ 任务实施过程

(1) 安装域环境,安装完成后,单击【工具】,选择【Active Directory 用户和计算机】,如图 7-53 所示。

图 7-53　打开用户和计算机界面

（2）单击域"wgs.com"，右击 user，在弹出的快捷菜单中选择【新建】→【用户】命令，如图 7-54 所示。

图 7-54　新建用户

（3）在【新建对象-用户】对话框中，填写所需信息，单击【下一步】按钮，如图 7-55 所示。

（4）输入【密码】和【确认密码】，勾选【密码永不过期】复选框，单击【下一步】按钮，如图 7-56 所示。

图 7-55　填写新建用户信息

图 7-56　设置用户密码

（5）单击【完成】按钮，完成财务部账号 cwb 的创建，如图 7-57 所示。

（6）按照上述操作步骤创建人事部账号 rsb，两个用户创建完成后如图 7-58 所示。

（7）打开【IIS 管理器】，单击打开【中山总公司】FTP 站点管理界面，双击打开【FTP 身份验证】，如图 7-59 所示。

图 7-57　完成用户的创建

图 7-58　用户图

（8）单击【基本身份验证】，然后单击右侧的【编辑】，在【编辑基本身份验证设置】对话框中输入默认域"wgs.com"，单击【确定】按钮，完成设置，如图 7-60 所示。

（9）单击打开【中山总公司】FTP 站点管理界面，双击打开【FTP 用户隔离】，选择【在 Active Directory 中配置的 FTP 主目录】单选按钮，并单击【设置】按钮，输入域的管理员用户名及密码，单击右侧的【应用】使配置生效，如图 7-61 和图 7-62 所示。

图 7-59　设置 FTP 身份验证

图 7-60　设置默认域

图 7-61　设置 FTP 用户隔离

图 7-62　启用新的 FTP 用户隔离设置

（10）开启用户隔离配置后，在服务器端打开【服务器管理器】，单击【工具】，选择【ADSI 编辑器】，进入编辑器后右击左侧栏目上的【ADSI 编辑器】，在弹出的快捷菜单中选择【连接到】命令，【连接设置】对话框保持默认选项即可，选择"CN＝Users"后，找到 CN＝cwb 和 CN＝rsb，如图 7-63、图 7-64 和图 7-65 所示。

图 7-63　选择 ADSI 编辑器

图 7-64　连接设置

（11）选中 CN＝cwb 右击，在弹出的快捷菜单中选择【属性】命令，找到 msIIS-FTPDir 并双击设置为 cwb，找到 msIIS-FTPRoot 并双击设置为 C:\FTP\LocalUser，按照同样的步骤，对 CN＝rsb 进行操作，如图 7-66 所示。

图 7-65　ADSI 中的组织架构

图 7-66　属性设置

（12）配置完毕后，在客户端登录【中山总公司】站点时，使用 rsb 和 cwb 两个不同的账号登录后会看到不一样的目录，如图 7-67 和图 7-68 所示。

图 7-67　用户 rsb 登录后看到的目录结构

图 7-68　用户 cwb 登录后看到的目录结构

7.3.10　任务 10　Serv-U 的安装与介绍

❋ 任务分析

在 FTP 的使用中，除了 IIS 自带的 FTP 功能，常用的 FTP 软件有 Serv-U、FileZilla 和 VsFTP 等。在本次任务中，我们将对 Serv-U 进行讲解。

Serv-U FTP Server，是一种被广泛运用的 FTP 服务器端软件，支持不同的系统。可以设定多个 FTP 服务器、限定登录用户的权限、登录主目录及空间大小等，功能非常完备。它具有非常完备的安全特性，支持 SSL FTP 传输，支持在多个 Serv-U 和 FTP 客户端通过

SSL 加密连接保护数据安全等。通过使用 Serv-U,用户能够将任何一台 PC 设置成一个 FTP 服务器,这样,用户或其他使用者就能够使用 FTP 协议,通过在同一网络上的任何一台 PC 与 FTP 服务器连接,进行文件或目录的复制、移动、创建和删除等。

❋ 任务实施过程

(1) 双击安装程序开始安装,选择安装语言,单击【确定】按钮,如图 7-69 所示。

图 7-69　选择安装语言

(2) 在【安装向导】对话框中,单击【下一步】按钮。

(3) 在【许可协议】对话框中,选择【我接受协议】,单击【下一步】按钮。

(4) 选择安装的本地位置,单击【下一步】按钮,如图 7-70 所示。

图 7-70　安装的本地位置

(5) 选择快捷方式的位置,单击【下一步】按钮,如图 7-71 所示。

图 7-71　选择快捷方式的位置

(6) 选择添加的附加任务,单击【下一步】按钮,如图 7-72 所示。

图 7-72　添加附加任务

(7) 在【准备安装】对话框中,单击【安装】按钮。

(8) 单击【完成】按钮,完成安装。

7.3.11　任务 11　Serv-U 的配置与管理

1. 新建管理域

(1) 打开 Serv-U 控制管理台,单击【新建域】按钮,如图 7-73 所示。

图 7-73　新建域

(2) 输入新建域的名称,如有需要,可以在下面对新建域进行说明,单击【下一步】按钮,如图 7-74 所示。

图 7-74 新建域名称

（3）选择新建域所使用的协议及其相应的端口，单击【下一步】按钮，如图 7-75 所示。

图 7-75 选择协议及其端口

（4）选择可用的 IPv4 地址，单击【下一步】按钮，如图 7-76 所示。

图 7-76 选择可用的 IPv4 地址

(5) 选择密码加密模式,在此选择【使用服务器设置(加密:单向加密)】单选按钮,单击【完成】按钮,完成域的新建,如图 7-77 所示。

图 7-77 选择密码加密模式

2. 新建用户以及用户访问设置

(1) 打开 Serv-U 管理控制台,在管理域 wgs.com 下面单击【用户】,如图 7-78 所示。

图 7-78 新建用户

(2) 单击左下角的【添加】按钮,添加用户,如图 7-79 所示。

图 7-79　添加用户

（3）设置【登录 ID】【密码】和访问【根目录】，【管理权限】选择【无权限】，单击【保存】按钮，完成用户的创建，如图 7-80 所示。

图 7-80　设置用户信息

（4）单击【目录访问】，单击左下角【添加】按钮，添加用户目录访问，如图 7-81 所示。

图 7-81　添加用户目录访问

（5）设置目录访问路径（该路径要与用户信息中的根目录一致）和权限，单击【保存】按钮，如图 7-82 所示。

图 7-82　设置目录访问路径和权限

（6）单击【保存】按钮，完成用户的创建和用户访问的设置，如图 7-83 所示。

注意：在【目录访问】中，可以使用"％HOME％"代替主目录，并且 HOME 要为大写。

（7）在客户端打开【此电脑】，在地址栏中分别输入：ftp://10.6.64.8，使用用户 ftpuser 即可访问所创建的 FTP 站点，如图 7-84 和图 7-85 所示。

3. 虚拟目录的创建

（1）打开 Serv-U 管理控制台中的【用户】，双击用户 ftpuser，如图 7-86 所示。

（2）选择【虚拟路径】，单击左下角的【添加】按钮，如图 7-87 所示。

（3）选择虚拟目录所在的本地物理路径和输入虚拟路径的名称，如图 7-88 所示。

图 7-83　完成用户的创建和用户访问的设置

图 7-84　使用用户 ftpuser 登录 FTP 站点

（4）再次单击【目录访问】，把虚拟目录的物理路径添加到目录访问里面，单击【保存】按钮，完成虚拟目录的创建，如图 7-89 所示。

（5）在客户端打开【此电脑】，在地址栏中分别输入：ftp://10.6.64.8 访问 FTP 站点（虚拟目录在主目录里面），如图 7-90 所示。

图 7-85　成功登录 FTP 站点

图 7-86　选择用户

图 7-87　添加虚拟路径

图 7-88　设置虚拟目录信息

图 7-89　完成虚拟目录的创建

图 7-90　访问 FTP 站点

7.4　项目总结

常见问题 1：在做基于主机头的多个 FTP 站点的创建时，创建完成后无法访问 FTP 站点，出现如图 7-91 所示的错误。

图 7-91　FTP 登录错误

解决方案：做基于主机头的多个站点创建时，用户访问 FTP 站点时，用户名应为【虚拟主机头│用户名】，而不是直接使用【用户名】登录访问，如图 7-92 所示。

图 7-92   正确的访问形式

常见问题 2：在 Serv-U 的使用中，创建虚拟目录后，使用"ftp://IP 地址/虚拟目录名称"无法访问虚拟目录，出现如图 7-93 所示的错误。

图 7-93   Serv-U 访问虚拟目录错误

　　解决方案：随着技术的更新，现在的软件使用也越来越先进。现在 Serv-U 创建的虚拟目录就在主目录里面，创建好虚拟目录之后，只需要使用"ftp://IP 地址"访问 FTP，在主目录下面就会出现一个虚拟目录的文件，里面就是所创建的虚拟目录文件，如图 7-94 所示。

图 7-94　访问虚拟目录的正确方法

7.5　课后习题

一、选择题

1. FTP 站点的连接限制数量最大值为（　　）。

　A. 100000　　　　　　　　　　B. 1000

　C. 200000　　　　　　　　　　D. 不受限制

2. 下列命令中，可以结束 FTP 会话的是（　　）。

　A. close　　　　　　　　　　B. exit

　C. bye　　　　　　　　　　　D. quit

二、填空题

1. FTP 会话时包含了_____和_____两个通道。

2. FTP 的两种连接模式分别是_____和_____。

3. FTP 的两种传输模式分别是_____和_____。

4. FTP 默认的数据传输端口是_____。默认的控制端口是_____。

5. FTP 匿名登录的账户名称是_____。

6. 默认的 FTP 站点主目录位置是_____。

7. 打开本地的【计算机管理】的命令是_____。

三、实训题

某公司最近收购了一家子公司，需要为子公司建立 FTP 文件共享服务，为公司人员提供所需文件。

要求：

（1）建立一个公用站点，允许任何人员访问；

（2）为子公司不同部门搭建各自的 FTP 站点，各部门之间可以相互访问 FTP 站点，但只具有修改自己部门文件的权限。

项目 8 电子邮件服务器的配置与管理

本章系统介绍电子邮件服务器的理论知识,让读者掌握电子邮件服务器的安装和部署、邮件服务器配置及邮件客户端配置和使用。

通过本章的学习应该完成以下目标:

- 理解邮件服务器的理论知识;
- 掌握邮件服务器的基本配置;
- 掌握邮件客户端的配置与测试。

8.1 项目背景

五桂山公司现在计划设计邮件服务器供公司全体员工使用,要求员工之间使用公司的域名作为邮件服务器的后缀,相互之间可以发送电子邮件,也能够与公网发送电子邮件。按照公司前期部署,计划邮件服务器的地址为 10.6.64.8/24,并且安装有 DNS 服务,如图 8-1所示。

图 8-1 网络拓扑图

8.2 知识引入

8.2.1 什么是 E-mail

电子邮件(E-mail)是最常用、最重要的网络服务,是对传统邮件收发方式的模拟。电子邮件用于网上信息的传递和交流,对企业来说,电子邮件系统是内外信息交流的必备工具。

电子邮件服务通过电子邮件系统来实现,与传统的邮政信件服务类似,电子邮件系统由电子邮箱系统和电子邮件发送与接收系统组成。电子邮件发送与接收系统像遍及千家万户的传统邮箱,发送者和接收者通过它发送和接收邮件,实际上是运行在计算机上的邮件客户端程序。电子邮局与传统邮局类似,在发送者和接收者之间起一个桥梁作用,实际是运行在服务器上的邮件服务器程序。电子邮件的一般处理流程与传统邮件有相似之处，如图 8-2 所示。

图 8-2　电子邮件的原理

首先要在 Intranet 上建立若干电子邮局，即电子邮件服务器，负责完成邮件的转发任务。其次需要为在 Intranet 上使用电子邮件的用户编制唯一的地址信息，即电子邮箱，电子邮箱的组成如图 8-3 所示。

图 8-3　电子邮箱的地址

一个完整的邮件地址由账户名和域名两部分组成，如 abc@testdomain.com。中间的符号"@"读作"at"将地址分为两部分。左边部分是用户的邮件账户名，右边是域名。域是邮件服务器的基本管理单位，每个邮件服务器都是以域为基础的。

8.2.2　电子邮件使用的协议

电子邮件服务主要涉及以下三种网络协议。

1. SMTP 协议

简单邮件传输协议（Simple Mail Transfer Protocol），发送方向接收方传递邮件时使用的单向传输协议，默认使用 TCP 端口 25（若是使用 TLS 加密邮件则默认为 587 端口）。配置了 SMTP 协议的电子邮件服务器称为 SMTP 服务器，SMTP 服务器只能接收客户机发送的电子邮件，或者向别的服务器发送电子邮件。

2. POP 协议

电子邮局协议（Post Office Protocol），接收方向电子邮局发出接收邮件请求时使用的单向传输协议，目前版本为 POP3，默认使用 TCP 端口 110。配置 POP3 协议的电子邮件服务器称为 POP3 服务器，POP3 服务器只能将电子邮件发送给客户机，或者从别的服务器接收电子邮件。

3. IMAP

IMAP 全称为 Internet 信息访问协议（Internet Message Access Protocol），是让邮件客户端从邮件服务器收取邮件的协议。目前 IMAP 版本为 IMAP4，IMAP 的标准 TCP 端口号为 143。

IMAP 与 POP 之间最主要的区别是它们检索邮件的方式不同。使用 POP 时,邮件驻留在服务器中,一旦接收邮件,邮件都从服务器上下载到用户计算机中。相反,IMAP 则能够让用户了解到服务器上存储邮件的情况,已下载邮件依然留在服务器中,便于实现邮件的归档和共享。

通常一台提供收发邮件服务的邮件服务器至少需要两个邮件协议,一个是 SMTP,用于发送邮件;另外一个是 POP 或者 IMAP,用于接收邮件。

8.2.3 收发电子邮件的过程

邮件服务器的收发过程如图 8-4 所示。

图 8-4 邮件服务器的收发过程

（1）用户使用邮件客户端程序撰写新邮件,设置收件人、主题和附件等。

（2）发送方邮件客户端询问域名服务器中的 MX 记录,返回负责收件人对应域名的 SMTP 服务器的 IP 地址,发送端根据 SMTP 协议的要求将邮件打包并加注邮件头,然后通过 SMTP 协议将邮件提交给用户设置的发送方 SMTP 服务器。

（3）电子邮件最终被送到收件人地址所在的邮件服务器上,保存于服务器上的用户电子邮件邮箱中。

（4）收件人通过邮件客户端连接到收件服务器,从自己的邮箱中接收已送到信箱的邮件。即使收件人不上网,只要其设置的收件服务器运行服务,邮件就会发到他的邮箱里面。

8.3 项目过程

8.3.1 任务 1 电子邮件服务的安装

❈ 任务分析

根据项目背景得知如下需求:五桂山公司将在企业内网的基础上配置一台新的电子邮

件服务器(IP：10.6.64.8/24)。接下来，将在此服务器上安装电子邮件服务功能来满足该需求。

※ 任务实施过程

1. SMTP 服务的安装

（1）打开【服务器管理器】，单击【添加角色和功能】按钮，进入【添加角色和功能向导】。

（2）单击【下一步】按钮，选择【基于角色或基于功能的安装】。

（3）单击【下一步】按钮，选择【从服务器池中选择服务器】，安装程序会自动检测与显示这台计算机采用静态 IP 地址设置的网络连接。

（4）单击【下一步】按钮，在【服务器角色】中选择【Web 服务器(IIS)】。

（5）单击【下一步】按钮，选择需要添加的 SMTP 功能，如无特殊需求，一般默认即可，单击【添加功能】按钮，如图 8-5 所示。

图 8-5　添加所需功能

（6）单击【下一步】按钮，确认安装 SMTP 服务器的信息，如图 8-6 所示。

（7）单击【安装】按钮，如图 8-7 所示。

（8）单击【关闭】按钮，完成 SMTP 服务器的安装，如图 8-8 所示。

2. POP3 服务的安装

Windows Server 2022 上面没有自带 POP3 服务，需要用到第三方的插件 VisendoSMTPExtender_plus_ x64.msi，该安装包可通过其官网进行下载，并按步骤进行安装。

（1）双击打开安装 POP3 的程序，在欢迎向导对话框中，单击 Next 按钮，如图 8-9 所示。

图 8-6　确认信息

图 8-7　安装进度

图 8-8　完成安装

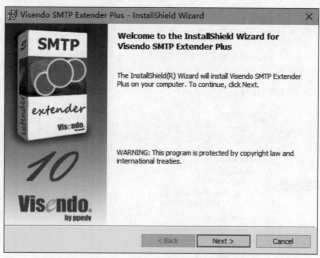

图 8-9　安装 POP3 服务界面

（2）在协议对话框中，选择接受协议，单击 Next 按钮，如图 8-10 所示。

（3）在用户信息对话框中，添加用户名和组织（可以不添加），单击 Next 按钮，如图 8-11 所示。

（4）在确认安装信息对话框中，单击 Install 按钮安装 POP3 服务，直到完成，如图 8-12 所示。

（5）安装完成后，单击 Finish 按钮，结束安装，如图 8-13 所示。

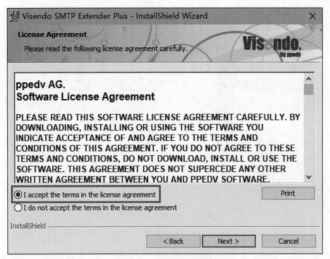

图 8-10　选择接受协议

图 8-11　输入用户信息

图 8-12　开始安装

　　至此，邮件服务器所必需的 SMTP 和 POP 协议、包括前期已经学习过的 DNS 服务器均已完成安装，接下来进行服务的配置。

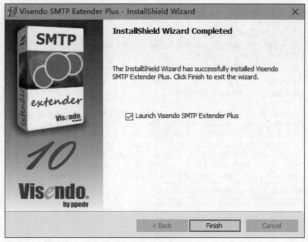

图 8-13　安装完成

8.3.2　任务 2　配置 SMTP、POP3 和 DNS

❈ 任务分析

根据五桂山公司的需求,需要在 SMTP 和 POP 以及 DNS 服务器上进行配置,才能正常提供电子邮件服务。

❈ 任务实施过程

1. SMTP 的配置

(1) 打开服务器管理器,单击【工具】,选择【Internet Information Services(IIS) 6.0 管理器】,如图 8-14 所示。

图 8-14　仪表盘选择【Internet Information Services(IIS) 6.0 管理器】

（2）在【Internet Information Services(IIS) 6.0 管理器】中，右击【域】，在弹出的快捷菜单中选择【新建】→【域】命令，如图 8-15 所示。

图 8-15 新建域

（3）在【新建 SMTP 域向导】对话框中，选择【别名】单选按钮，单击【下一步】按钮，如图 8-16 所示。

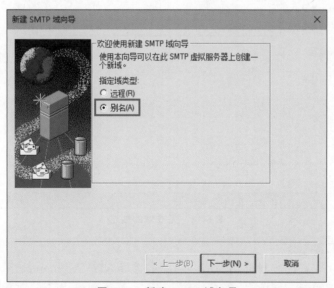

图 8-16 新建 SMTP 域向导

（4）在【域名】对话框中，输入域名"wgs.com"，单击【完成】按钮，如图 8-17 所示。

（5）成功新建域后，需右击【SMTP Virtual Server ♯1】，在弹出的快捷菜单中选择【属性】命令，在【[SMTP Virtual Server ♯1]属性】对话框中打开【常规】选项卡，在【IP 地址】选项的下拉菜单中选择本机的 IP 地址，如图 8-18～图 8-20 所示。

图 8-17　创建新域

图 8-18　完成域的创建

2. POP3 的配置

（1）打开 POP3 管理控制台，单击 Accounts，选择 New Account，如图 8-21 所示。

（2）在新建用户对话框中，选择 Single account 单选按钮，并输入 E-mail 地址和密码，单击【完成】按钮，如图 8-22 所示。

（3）新建完成后，如图 8-23 所示。

（4）单击 Start 按钮，开启 POP3 服务，如图 8-24 所示。

（5）使用相同的步骤完成邮件账户 user02@wgs.com 的创建，为后续域内用户的收发邮件做准备。

图 8-19　选择【属性】命令

图 8-20　选择本机 IP 地址

图 8-21　新建邮件账号

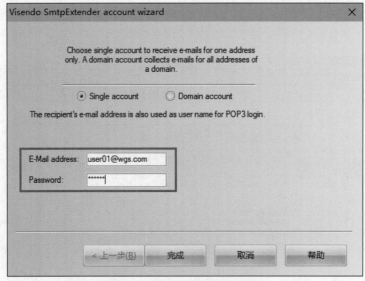

图 8-22　输入邮件账号和密码

3. DNS 的配置

使用邮件功能的过程中,需用到域名进行解析及配置,在邮件服务器上新增 DNS 业务与其配合测试,DNS 的配置请查看 DNS 相关内容。

新建域"wgs.com",并在里面新建主机记录"email.wgs.com",如图 8-25 所示。

8.3.3　任务 3　内部员工之间客户端的测试

❋ 任务分析

根据五桂山公司的需求,邮件服务器要实现公司内部员工和外网之间都能够相互收发邮件,为此我们在配置好 SMTP/POP3 服务之后,要实现域内和域外账户的正常通信。

图 8-23　新建完成邮件用户

图 8-24　开启 POP3 服务

※ 任务实施过程

1. 客户端的准备工作

要使得客户端能够正常使用客户端软件登录邮箱账户,在客户端需要完成以下前期工作。邮件客户端软件很多,我们使用常用的 Outlook Express 为例。

(1) 使用客户端登录邮箱账户正常收发邮件,必须保证客户端和服务器之间的互通,包

图 8-25　DNS 中新建主机和 MX 记录

括防火墙等的设置。

（2）客户端要安装好 Office 自带的 Outlook Express 软件，可在微软 Office 办公软件的安装包里选择安装。

（3）要在客户端设置好 DNS 服务器，并且能正确完成 DNS 的查询，如图 8-26 和图 8-27 所示。

图 8-26　设置客户端的 DNS 服务器

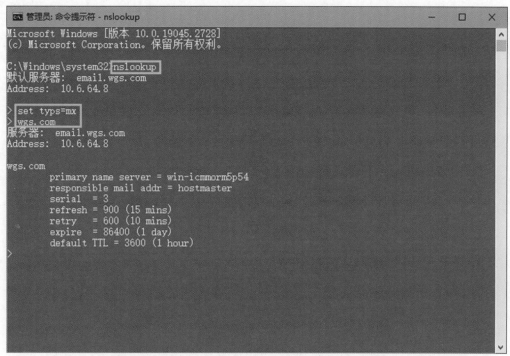

图 8-27 使用 nslookup 检查 DNS 服务器配置的正确性

2. Outlook 的设置

（1）打开 Outlook，在【Microsoft Outlook 2010 启动】对话框中单击【下一页】按钮，如图 8-28 所示。

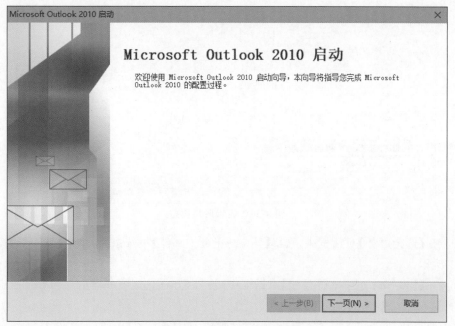

图 8-28 启动 Outlook 2010

（2）在【电子邮件账户】对话框中，选择【是】单选按钮，单击【下一页】按钮，如图 8-29 所示。

图 8-29　新建电子邮件账户

（3）在【自动账户设置】对话框中，选择【手动配置服务器设置或其他服务器类型】单选按钮，单击【下一页】按钮，如图 8-30 所示。

图 8-30　设置账户类型

（4）在【选择服务】对话框中，选择【Internet 电子邮件】单选按钮，单击【下一页】按钮，如图 8-31 所示。

（5）在【Internet 电子邮件设置】对话框中，设置账户信息、服务器信息和登录信息，单击【下一页】按钮，如图 8-32 所示。

（6）测试成功后，在【测试账户设置】对话框中，单击【关闭】按钮，如图 8-33 所示。

（7）添加账户成功后，单击【完成】按钮，如图 8-34 所示。

图 8-31　选择添加账户服务类型

图 8-32　设置账户登录信息

（8）用相同的步骤，使用先前创建的账号 user02 登录 Outlook。就可以实现域内用户之间的邮件收发，如图 8-35 和图 8-36 所示。

8.3.4　任务 4　不同域之间的测试

❋ 任务分析

根据五桂山公司的需求，邮件服务器需要与域外用户之间能够正常收发邮件，为此我们要在任务 3 的基础上做邮件的中继配置。

图 8-33　账户测试

图 8-34　账户登录成功

图 8-35 user01 的收发邮件图

图 8-36 user02 的收发邮件图

※ 任务实施过程

（1）打开【Internet Information Services(IIS)6.0 管理器】，增加新的域名"cms.com"，如图 8-37 所示。

图 8-37 添加新域

（2）在【Internet Information Services(IIS)6.0 管理器】中右击 SMTP，在弹出的快捷菜单中选择【属性】命令。在弹出的【[SMTP Virtual Server ♯1]属性】对话框中打开【访问】选项卡，单击【中继】按钮，设置 SMTP 的中继功能，如图 8-38 和图 8-39 所示。

图 8-38 SMTP 属性

（3）在打开的【中继限制】对话框中，选择【以下列表除外】单选按钮，单击【确定】按钮，完成 SMTP 的配置，如图 8-40 所示。

（4）在 POP3 服务中新添加新域的账户 user03@cms.com，并且完成客户端在 Outlook 中的登录，如图 8-41 和图 8-42 所示。

（5）在各自的客户端进行收发邮件测试，如图 8-43 和图 8-44 所示。

图 8-39　设置 SMTP 的中继功能

图 8-40　设置中继限制

图 8-41　添加新域用户

图 8-42　新域用户登录 Outlook

图 8-43　新域用户接收 user01@wgs.com 的邮件

图 8-44　user01@wgs.com 接收 user03@cms.com 的邮件

8.3.5　任务 5　基于 hMailServer 组件下搭建服务器环境

❀ **任务分析**

电子邮件服务组件的种类较多,上述步骤用到的 VisendoSMTPExtender 是常用的电子邮件服务组件之一,另外常用的组件还有 Exchange Server、WinWebMail 和 hMailServer 等。我们一般会根据企业自身的需求及使用习惯来选择不同的组件,接下来将会通过利用 hMailServer 组件来满足服务器上安装电子邮件服务的需求。

❀ **任务实施过程**

1. 安装 .NET 3.5 组件

注意:在此步骤开始之前需确定服务器已连接至互联网。

(1) 在【服务器管理器】中单击【管理】→【添加角色和功能】,如图 8-45 所示。

(2) 在【添加角色和功能】面板中多次单击【下一步】按钮至【功能】选项高亮后勾选 【.NET Framework 3.5 功能】,如图 8-46 所示。

(3) 单击【下一步】按钮进入【确认】界面,在确认需安装的组件无误后单击【安装】按钮执行安装,如图 8-47 所示。

(4) 在稍等片刻之后,单击【关闭】按钮,完成 .NET Framework 3.5 的安装,如图 8-48 所示。

2. 安装并配置 hMailServer

(1) 获取 hMailServer 的安装包,安装包可在以下链接获取:

① https://www.hmailserver.com/download。

图 8-45　添加功能

图 8-46　勾选【.NET Framework 3.5 功能】

图 8-47 安装 .NET Framework 3.5 功能

图 8-48 安装完成

② https://www.lanzoui.com/iUKhG1mrp6xa。

　　链接①为官方下载地址链接,链接②为笔者在"蓝奏云"上保存的副本链接,另外链接②的压缩包里还有一份语言文件,以下的操作均使用链接②中的文件进行。

（2）提取安装文件（此处使用 Windows 自带的解压功能），双击打开下载好的压缩包，然后右击空白处选择【全部解压缩】命令，如图 8-49 所示。

图 8-49　解压文件

（3）在【提取压缩（Zipped）文件夹】对话框中单击【提取】按钮即可将文件夹提取到当前目录下，如图 8-50 所示。

图 8-50　提取文件

（4）在提取出来的文件夹中打开 hMailServer-5.6.8-B2574.exe 执行安装程序，如图 8-51 所示。

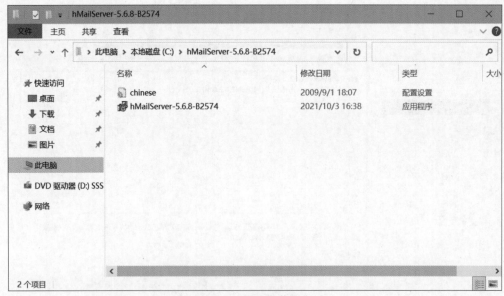

图 8-51　执行安装程序

（5）在 Setup - hMailServer 对话框中单击 Next 按钮，如图 8-52 所示。

（6）在 License Agreement 页面中选中 I accept the agreement 单选按钮后单击 Next 按钮，如图 8-53 所示。

（7）在这个页面可以选择软件的安装位置，这里使用默认路径，单击 Next 按钮即可，如

图 8-54 所示。

图 8-52　hMailServer 安装程序

图 8-53　hMailServer 安装程序

图 8-54　选择软件的安装位置

（8）保持默认选择 Full installation，如图 8-55 所示。

图 8-55　选择组件

（9）此页面选择数据库类型，这里我们选择 Use built-in database engine（Microsoft SQL Compact），这是微软自家的数据库功能，和.NET Framework 3.5 同步安装，如图 8-56 所示。

图 8-56　选择数据库类型

（10）在此页面保持默认选择，单击 Next 按钮，如图 8-57 所示。

图 8-57　添加开始菜单快捷方式

（11）在此页面输入管理工具的密码，第二栏重复输入，此处密码长度需大于 5 个字符且不包含空格，例如"123456"，随后单击 Next 按钮，如图 8-58 所示。

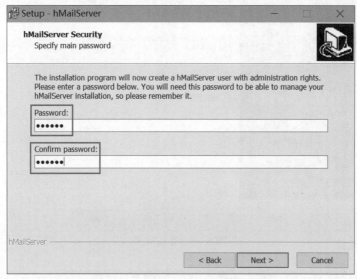

图 8-58　输入 hMailServer 管理密码

（12）此页面最后确认配置信息，无误即可单击 Install 按钮，如图 8-59 所示。

图 8-59　确认安装

（13）最后安装完成，取消勾选 Run hMailServer Administrator 复选框后单击 Finish 按钮即可完成安装，如图 8-60 所示。

（14）在 hMailServer-5.6.8-B2574 文件夹中复制 chinese.INI 文件，如图 8-61 所示。

（15）在 hMailServer 的安装文件夹下的 Languages 文件夹中粘贴语言文件，如图 8-62 所示。

（16）编辑在安装目录下的 Bin 文件夹内的 hMailServer.INI 文件，如图 8-63 所示。

图 8-60　完成安装

图 8-61　复制文件

（17）在 ValidLanguages 后面添加",chinese"一项（注意 swedish 与 chinese 之间有一个英文逗号","），如图 8-64 所示。

（18）在【开始】菜单中的 hMailServer 文件夹里打开 hMailServer Administrator，如图 8-65 所示。

（19）单击 Connect 按钮并在输入框内输入安装时设置的密码，如图 8-66 所示。

图 8-62　粘贴文件

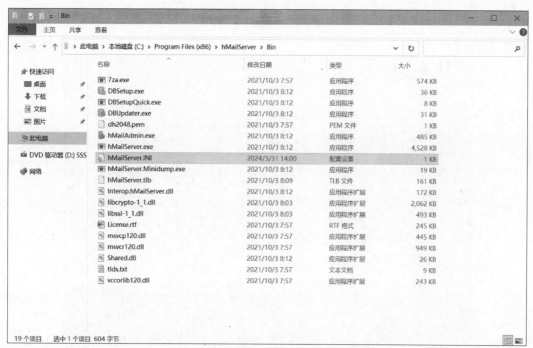

图 8-63　编辑文件(1)

（20）依次单击 File→Select language 菜单，随后在弹出的界面的选框中选择 chinese 并单击 OK 按钮即可完成语言更改，如图 8-67 和图 8-68 所示。

在软件重新启动并重复步骤(19)之后便可进行接下来的邮件配置了。

（21）来到这个界面，单击【添加域名】按钮，如图 8-69 所示。

（22）在此界面输入邮件服务器的域名，这里我们使用"wgs.com"，随后单击【保存】按钮，如图 8-70 所示。

图 8-64　编辑文件（2）

图 8-65　打开 hMailServer Administrator 文件夹

图 8-66　输入管理密码

图 8-67　更改语言

图 8-68　选择 chinese

图 8-69　添加域名

图 8-70　输入域名

（23）然后在【账号】页面单击【添加】按钮进入账号添加界面，新建两个测试用的账户，如图 8-71 所示。

（24）此处密码没有限制，但小于 6 位数会有提示，在单击完【保存】按钮之后便完成一个用户的创建，如图 8-72 所示。

3. DNS 的配置

DNS 的配置请查看 DNS 相关内容。

新建域"wgs.com"，并在里面新建主机（A）与 MX 记录"wgs.com"，如图 8-73 所示。

8.3.6　任务 6　基于 hMailServer 组件下多用户之间的邮件测试

※ 任务分析

根据五桂山公司的需求，邮件服务器要实现公司内部员工和外网之间都能够相互收发邮件，为此我们在配置好 SMTP/POP3 服务之后，要实现域内和域外账户的正常通信。

图 8-71　添加账户

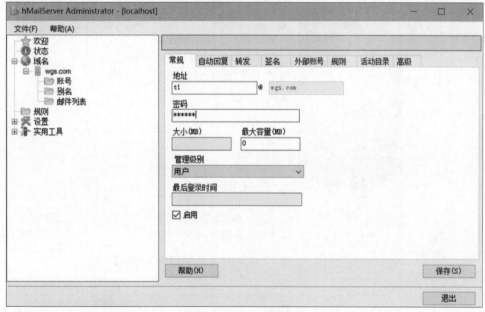

图 8-72　输入账户密码

※ 任务实施过程

1. 准备邮件客户端

这里我们使用来自 Mozilla 公司的开源邮件客户端 Thunderbird,这个软件的体积比 Office 套件中的 Outlook 客户端更轻量。官方的下载地址为 https://www.thunderbird.net/zh-CN。

（1）打开安装程序并单击【下一步】按钮,如图 8-74 所示。

（2）保持默认选项,再次单击【下一步】按钮,如图 8-75 所示。

（3）确认安装位置后单击【安装】按钮,如图 8-76 所示。

（4）待安装完成后,保持勾选【立即运行 Mozilla Thunderbird】复选框,随后单击【完成】按钮即可完成安装,如图 8-77 所示。

图 8-73　DNS 中新建主机和 MX 记录

图 8-74　安装向导

图 8-75　选择安装类型

2. 配置邮件客户端

在此之前需要先将客户端的网络进行一些设置，如图 8-78 所示。

图 8-76　确认安装位置

图 8-77　安装完成

图 8-78　网络设置

（1）在完成预配置之后回到 Thunderbird，输入账户信息后单击【继续】按钮，如图 8-79 所示。

图 8-79　输入账户信息

（2）在此页面的左下角单击【完成】按钮会出现一个连接未加密的警告，我们为了操作简便在这里勾选【我已了解相关风险】后单击【确认】按钮即可，如图 8-80 和图 8-81 所示。

图 8-80　登入账户

图 8-81 确认警告

(3)待图 8-82 所示的页面出现后,账户添加成功。

图 8-82 账户添加成功

（4）单击 t1→【账户设置】→【账户操作】→【添加邮件账户】命令，如图 8-83 所示，然后重复（1）～（3）步，邮箱地址换成 t2@wgs.com。

图 8-83　再次添加账户

（5）单击左上角的 ⊠ 然后单击【＋写消息】即可打开消息编写界面，如图 8-84 所示。

图 8-84　打开消息编写界面

（6）编辑消息并发送，如图 8-85 所示。

图 8-85 编辑消息并发送

（7）在 t2@wgs.com 的收件箱里看到来自 t1 的邮件即可确定实验成功，如图 8-86 所示。

图 8-86 实验成功

8.3.7 任务 7 基于 hMailServer 组件下不同域之间的测试

❀ 任务分析

根据五桂山公司的需求，邮件服务器需要与域外用户之间能够正常收发邮件，为此我们要在任务 6 的基础上做邮件的中继配置。

❀ 任务实施过程

（1）回到邮件服务器单击【域名】→【添加】命令添加一个域名 test.local，如图 8-87 所示。

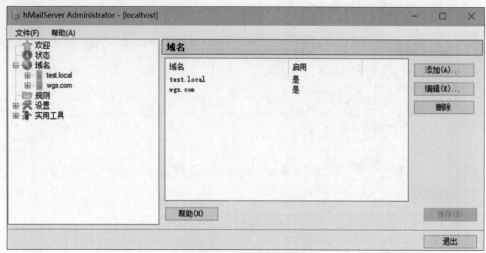

图 8-87　添加第二个域

（2）重复图 8-73 所示的在 DNS 服务器添加解析，地址为 test.local。

（3）重复任务 6 中第（4）～（6）步以配置第二个域名的邮件客户端，其中邮件地址换为 u1@test.local。

（4）编辑并发送邮件以测试跨域收发件是否成功。

8.4　项目总结

本项目主要介绍了电子邮件服务器的理论知识、安装部署、配置及邮件客户端的使用。

项目背景部分，介绍了五桂山公司计划搭建的邮件服务器背景，要求员工使用公司的域名作为邮件后缀，并指定邮件服务器的地址。

知识引入部分，详细解释了电子邮件的概念、邮件服务使用的协议（包括 SMTP、POP3 和 IMAP），以及邮件的收发过程。

项目过程部分可分为两大块，共七个任务。其中第一块主要依赖 Windows Server 自带的邮件服务组件，第二板块则是基于 hMailserver 组件环境下的邮件服务器的搭建。

常见问题 1：邮件无法正常收发。

解决方案：确认一下网卡的网络配置当中，IPv4 设置的 DNS 是否正确；核对邮件的用户和密码是否正确。

常见问题 2：版本较新的第三方电子邮件管理软件无法正常收发邮件。

解决方案：Windows Server 2022 对于邮件服务器的组件功能没有做太大的更新，以至于一些新版本电子邮件管理软件与服务端组件的兼容性方面存在不足，可以使用章节中推荐的软件版本。

常见问题 3：hMailServer 在更改配置文件后，语言包不生效。

解决方案：检查一下配置文件，"chinese"前面有没有添加英文逗号","，与其他项的内容进行分隔。

8.5 课后习题

一、填空题

1. 邮件服务主要的两个网络协议是_____和_____。

2. SMTP 协议使用的端口号是_____。

POP3 协议使用的端口号是_____。

IMAP 协议使用的端口号是_____。

3. DNS 服务中的_____记录主要针对电子邮件服务器。

4. 完整的邮件地址由_____和_____两部分组成。

5. 设置邮件服务器的时候,DNS 服务中的_____命令能够检查域名能否正常解析。

二、简答题

1. SMTP 和 POP3 服务的作用是什么?

2. 简要叙述电子邮件系统的工作原理。

3. POP3 协议和 IMAP4 协议的区别是什么?

三、实训题

某公司总部在广州,有员工 100 人,公司域名是 zw.com,现公司计划设置公司内部的电子邮件服务器,方便员工之间交流。如果你是公司的网络工程师,请写出公司的电子邮件服务器的设置方案。

项目 9　证书服务器的配置与管理

本章系统介绍证书服务器的理论知识,证书服务器的安装,网站证书的申请,如何搭建一个安全的 Web 站点和在客户端如何使用证书安全地访问网站,以及加密和签名邮件的配置与管理。

通过本章的学习应该完成以下目标:

- 理解证书服务器的理论知识;
- 掌握证书服务器的安装和证书申请;
- 掌握如何去搭建一个安全的 Web 站点;
- 掌握客户端如何使用证书去访问安全的网站;
- 掌握加密和签名邮件的配置与管理。

9.1　项目背景

五桂山公司计划为公司重新搭建对外宣传以及对内服务的网站服务。公司计划设计公司官方网站、营销部和人事部三个网站。官网(www.wgs.com)用来对外宣传,可以公开,不需要提供任何证书;营销部(yxb.wgs.com)由于需要记录员工的销售业绩,安全要求较高,该部门需要向 CA 下载安全证书才可访问;人事部(rsb.wgs.com)为了识别员工的身份准确性,防止非法用户攻击,需要用户提供身份识别。网络拓扑图如图 9-1 所示。

图 9-1　网络拓扑图

9.2　知识引入

随着网络的发展,越来越多的业务都在逐渐地向网络迁移,但是随之而来的安全问题也越来越多。除了在通信中采用更强的加密算法等措施以外,还需建立一种信任及信任验证机制,即通信双方必须有一个可以被验证的标识,这就是数字证书。使用数字证书可以实现用户的身份认证、数据加密等功能。

数字证书是由一个权威的证书颁发机构(Certificate Authority,CA)所颁发的,而 CA 是公钥基础设施(Public Key Infrastructure,PKI)的核心和信任基础。数字证书能提供在 Internet 上进行身份验证的一种权威性电子文档,通过它可以在网络通信中证明自己的身份。数字证书包括的内容有证书所有人的姓名、证书所有人的公钥、证书颁发机构名称、证书颁发机构的数字签名、证书序列号、证书有效期等信息。

因此,在学习如何部署证书服务之前,我们需要理解 PKI 和 CA 这两个重要的知识。

9.2.1 PKI

PKI 即公钥基础设施,是一种遵循既定标准的密钥管理平台,为网络上的信息传输提供了加密和验证的功能,同时还可以确定信息的完整性,即传输内容未被人非法篡改。

在计算机网络中,安全体系可分为 PKI 安全体系和非 PKI 安全体系两大类。在几年前,非 PKI 安全体系的应用最为广泛,例如在网络中用户经常使用的"用户＋密码"的形式就属于非 PKI 安全体系。但在近几年,由于非 PKI 安全体系的安全性较弱,PKI 安全体系得到了越来越广泛的关注和应用。

PKI 是利用公钥技术建立的提供安全服务的基础设施,是信息安全技术的核心。PKI 包括加密、数字签名、数据完整性机制、数字信封和双重数字签名等基础技术。

PKI 中最基本的元素是数字证书,所有的安全操作主要都是通过数字证书来实现的。完整的 PKI 系统必须具有证书颁发机构(CA)、数字证书库、密钥备份及恢复系统、证书作废系统和应用接口(API)等基本构成部分。

PKI 提供信息的加密和身份验证的功能,所以在此工程中需要公开密钥和私有密钥的支持。

(1) 公开密钥(Public Key)。公开密钥简称为公钥,也称公共密钥。在安全体系中,公开密钥不进行保密,对外公开。

(2) 私有密钥(Private Key)。私有密钥简称密钥,属于用户个人拥有,它存在于计算机或其他介质中,只能用户自己使用,私有密钥不能对外公开,需要妥善、安全地保存和管理。

(3) 公开密钥加密法。公开密钥加密法使用一对对应的公开密钥和私有密钥来进行加密和解密。其中,公开密钥用来进行数据信息的加密,私有密钥用来进行对加密数据信息的解密,这种方法也称为"非对称加密法"。还有另一种加密法称为"对称加密法",该方法使用同一个密钥来进行加密和解密。过程如图 9-2 所示。

(1) 用户A使用用户B的公开密钥对发送的信息进行加密。

(2) 用户A将经过加密处理的信息发送给用户B。

(3) 用户B使用自己的私有密钥对接收到的信息进行解密,得到正确的原文。

用户A

用户B

图 9-2 使用公开密钥加密法传输信息的过程

(4) 公开密钥验证法。用户可以利用密钥对要发送的数据信息进行数字签名,当另一个用户接收到此信息后,可以通过数字签名来确认此信息是否为真正的发送方发来的,同时还可以确认信息的完整性。从本质来看,数字签名就是加密的过程,查阅数字签名就是解密的过程,过程如图 9-3 所示。

9.2.2 CA

在加密的过程中,仅仅拥有密钥是不够的,还需要拥有数字证书或者是某些数据标识,

(1) 用户A使用自己的私有密钥对发送的信息进行数字签名。

(2) 用户A将经过数字签名的信息发送给用户B。

(3) 用户B使用用户A的公开密钥接收用户A所发送的信息。

用户A   用户B

图 9-3   使用公开密钥验证法传输信息的过程

所以密钥和数字证书是构成加密解密过程的两个不可或缺的元素。为了方便数字证书的管理,于是出现了一些专门的数字证书的颁发管理机构,负责颁发和管理数字证书,这些机构就是证书颁发机构,即 CA。

在安全系统的基础下,CA 可以分为根 CA(Root CA)和从属 CA(Subordinate CA)。根 CA 是安全系统的最上层,既可以提供发送电子邮件的安全证书、提供网站 SSL(加密套接字协议)的安全传输等证书服务,也可以用来发放证书给其他 CA(从属 CA)。从属 CA 同样可以提供发放电子邮件安全证书、提供网站 SSL 安全传输等证书服务,也可以向下一层的从属 CA 提供证书,但是在此基础上,从属 CA 必须向其父 CA(根 CA 或者从属 CA)取得证书后,才可以发放证书。CA 的层次结构如图 9-4 所示。

图 9-4   CA 的层次结构

在 PKI 系统架构下,当用户 A 使用某 CA 所颁发的数字证书发送一份数字签名的电子邮件给用户 B 时,用户 B 的计算机必须信任该 CA 所颁发的证书,否则计算机会认为该电子邮件是有问题的电子邮件,这就是 CA 的信任关系。

9.3   项目过程

9.3.1   任务 1   证书服务器的安装

❈ 任务分析

根据项目背景得知如下需求:五桂山公司将在原企业内网的基础上配置一台新的 Windows Server 2022 服务器(IP: 10.6.64.8/24)来做证书服务器。接下来,将在此服务器上安装证书服务器功能来满足该需求。

❈ 任务实施过程

(1) 打开【服务器管理器】,单击【添加角色和功能】按钮,进入【添加角色和功能向导】。

(2) 单击【下一步】按钮,选择【基于角色或基于功能的安装】。

(3) 单击【下一步】按钮,选择【从服务器池中选择服务器】,安装程序会自动检测与显示这台计算机采用静态 IP 地址设置的网络连接。

（4）单击【下一步】按钮，如图 9-5 所示，在【服务器角色】中，选择【Active Directory 证书服务】，自动弹出【添加所需的功能】对话框，单击【添加功能】按钮。

图 9-5　添加所需功能

（5）单击【下一步】按钮，选择需要添加的功能，如无特殊需求，一般默认即可。

（6）单击【下一步】按钮，查阅相关的注意事项。

（7）单击【下一步】按钮，在【添加角色服务】对话框中，勾选【证书颁发机构】【证书颁发机构 Web 注册】【证书注册 Web 服务】和【证书注册策略 Web 服务】4 个角色服务，如图 9-6 所示。

图 9-6　添加所需的角色服务

(8) 单击【下一步】按钮,在【确认】对话框中,确认所需安装的角色、角色服务或功能,单击【安装】按钮,如图 9-7 所示。

图 9-7　确认所安装的内容

(9) 单击【关闭】按钮完成安装,如图 9-8 所示。

图 9-8　完成安装

(10) 打开服务器管理器,单击【管理】左侧的提醒,单击【配置目标服务器上的 Active Directory 证书服务】,如图 9-9 所示。

图 9-9　配置目标服务器上的 AD 证书服务

（11）在【凭证】对话框中，配置 AD CS 的指定凭证，如无特殊需求默认即可。

（12）单击【下一步】按钮，在【角色服务】对话框中，勾选【证书颁发机构】和【证书颁发机构 Web 注册】两个服务，如图 9-10 所示。

图 9-10　选择所需的角色服务

（13）单击【下一步】按钮，在【设置类型】对话框中，指定 CA 的设置类型为【独立 CA】，如图 9-11 所示。（选择【企业 CA】的前提是服务器在域环境下，并且客户端在该 AD 域中。）

图 9-11　指定 CA 的设置类型

（14）单击【下一步】按钮，在【CA 类型】对话框中，指定 CA 类型为【根 CA】，如图 9-12 所示。

图 9-12　指定 CA 类型

（15）单击【下一步】按钮，在【私钥】对话框中，选择【创建新的私钥】，如图 9-13 所示。

图 9-13 指定私钥类型

（16）单击【下一步】按钮，在【CA 的加密】对话框中，选择加密算法【MD5】，如图 9-14 所示。

图 9-14 选择加密算法

（17）单击【下一步】按钮，在【CA名称】对话框中，配置CA名称，在此我们保持默认名称，如图9-15所示。

图 9-15　指定 CA 名称

（18）单击【下一步】按钮，在【有效期】对话框中，设置有效期，在此我们选择默认有效期5年，如图9-16所示。

图 9-16　指定有效期

（19）单击【下一步】按钮，在【CA 数据库】对话框中，选择证书数据库和证书数据库日志的存放位置，在此我们选择默认存放位置，如图 9-17 所示。

图 9-17　指定数据库位置

（20）单击【下一步】按钮，在【确认】对话框中，确认所需要的内容，单击【配置】按钮，如图 9-18 所示。

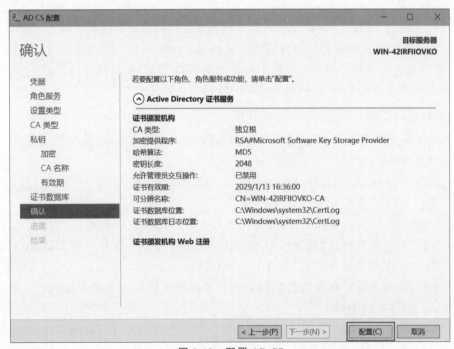

图 9-18　配置 AD CS

（21）配置完成后，单击【关闭】按钮，如图9-19所示。

图 9-19　完成 AD CS 配置

9.3.2　任务 2　证书的申请

❋ 任务分析

在实际生活中，当客户端访问网站时，客户端都能够鉴定该网站是否合法，即 Web 服务器需要向可信 CA 申请服务器证书并安装绑定到 Web 站点，客户端与该可信 CA 建立信任关系后，客户端与服务器之间便建立起了信任的证书链关系，客户端将认为该 Web 站点是可信任的。所以在此任务中，我们将为公司的营销部申请证书。

❋ 任务实施过程

（1）打开服务器管理器，单击【工具】，选择【Internet Information Services（IIS）管理器】，如图 9-20 所示。

（2）在 Internet Information Services（IIS）管理器界面，单击本地服务器，找到【服务器证书】，双击打开【服务器证书】，如图 9-21 所示。

（3）在服务器证书中，单击右侧的【创建证书申请】，如图 9-22 所示。

（4）在【可分辨名称属性】对话框中，输入证书信息（注意：在此步骤中，通用名称要与需要保护的 Web 站点名称相同），单击【下一步】按钮，如图 9-23 所示。

（5）在【加密服务提供程序属性】对话框中，选择加密算法和密钥长度，如无特殊需求，默认即可，单击【下一步】按钮。

（6）在【文件名】对话框中，申请证书信息将以文本文件的形式保存到本地，选择保存的本地位置，单击【完成】按钮，完成申请证书的创建，如图 9-24 所示。

图 9-20　打开 Internet Information Services（IIS）管理器

图 9-21　打开服务器证书

图 9-22　创建证书申请

图 9-23　申请证书

（7）在服务器中打开 IE 浏览器，在地址栏输入"http://10.6.64.8/certsrv"，打开企业内网 CA 服务器在线申请网站，单击【申请证书】，如图 9-25 所示。

（8）单击【高级证书申请】，如图 9-26 所示。

图 9-24 为证书申请指定一个文件名

图 9-25 申请证书

图 9-26 高级证书申请

（9）单击【使用 Base64 编码的 CMC 或 PKCS♯10 文件提交一个证书申请，或使用 Base64 编码的 PKCS♯7 文件续订证书申请。】，如图 9-27 所示。

图 9-27　使用 Base64 编码提交证书申请

（10）将步骤（6）中保存的证书申请信息复制到如图 9-28 所示的文本框中，单击【提交】按钮。

图 9-28　提交证书申请

（11）提交完成后，提示证书的申请正处于挂起状态，如图 9-29 所示。

（12）打开【证书颁发机构】，在证书颁发机构管理界面中，单击【挂起的申请】，右击 ID 为 2 的证书申请，在弹出的快捷菜单中选择【所有任务】→【颁发】命令，如图 9-30 所示。

图 9-29　证书申请挂起

图 9-30　颁发证书

（13）证书颁发成功后，在【颁发的证书】中，即可看到刚刚颁发的证书，如图 9-31 所示。

图 9-31　成功颁发证书

（14）在服务器打开 IE 浏览器，输入"http://10.6.64.8/certsrv"，单击【查看挂起的证书申请的状态】，如图 9-32 所示。

图 9-32　查看挂起的证书申请的状态

（15）单击【保存的申请证书】，如图 9-33 所示。

图 9-33　保存的申请证书

（16）单击【下载证书】，将证书保存在本地，如图 9-34 所示。

图 9-34　下载证书

(17) 在存放的本地位置找到下载的证书, 双击打开证书, 查看证书信息, 如图 9-35 所示。

证书信息

这个证书的目的如下:

* 保证远程计算机的身份

颁发给:	yxb.wgs.com
颁发者:	WIN-42IRFIIOVKO-CA
有效期从	2024/1/13 到 2025/1/13

图 9-35 证书信息

(18) 打开 IIS 管理器, 单击右侧的【完成证书申请】, 如图 9-36 所示。

图 9-36 完成证书申请

（19）在【指定证书颁发机构响应】对话框中，选择证书文件、填写好记名称（好记名称要与需要保护的 Web 站点名称相同）和选择新证书的存储方式，单击【确定】按钮，如图 9-37 所示。

图 9-37　设置完成证书申请的信息

（20）完成证书的申请后，在【服务器证书】中会出现新的证书，如图 9-38 所示。

图 9-38　证书申请完成

9.3.3 任务 3 架设安全的 Web 站点

❉ 任务分析

根据五桂山公司的需求,我们需要为公司的营销部(yxb.wgs.com)搭建一个安全的 Web 站点访问。为此,我们需要将客户端访问 Web 站点的方式由 HTTP 升级为 HTTPS,这个方法就是启动 SSL 证书,把服务器证书和安全的 Web 站点关联起来。

❉ 任务实施过程

(1) 打开 IIS 管理器,建立营销部的 Web 站点,在【添加网站】对话框中,设置相关的信息,设置绑定类型为"https"(绑定 HTTPS 后无法使用 HTTP 访问),SSL 证书选择"yxb.wgs.com"(营销部的 Web 证书),单击【完成】按钮,完成站点的创建,如图 9-39 所示。

图 9-39 建立营销部 Web 站点

(2) 打开营销部的 Web 站点,在 IIS 配置中双击打开【默认文档】,在默认文档中,将网页"yxb.html"设置为 Web 站点的主页,如图 9-40 所示。

(3) 打开营销部的 Web 站点,在 IIS 配置中双击打开【SSL 设置】,如图 9-41 所示。

(4) 在【SSL 设置】中,勾选【要求 SSL】复选框,在【客户证书】选项下选择【忽略】单选按

图 9-40　添加 Web 站点的默认文档

图 9-41　打开 SSL 设置

钮，单击右侧的【应用】，应用 SSL 设置，如图 9-42 所示。

（5）由于在该任务中使用了虚拟主机头的技术，所以对此我们还需要在 DNS 中做出相应的配置，如图 9-43 所示。

9.3.4　任务 4　客户端如何利用证书访问安全 Web 站点

※ 任务分析

在上一个任务中，我们搭建了营销部的 Web 安全站点，当客户端访问 Web 站点时，同样也需要对客户端做出相应的配置，使得客户端信任该 Web 站点，建立彼此之间的信任关系。

图 9-42 SSL 设置

图 9-43 DNS 配置

※ 任务实施过程

（1）客户端打开 IE 浏览器，在地址栏输入"http://yxb.wgs.com"，发现打开的并不是 Web 安全站点，Web 安全站点无法打开，原因在于我们在 SSL 配置中，设置了【要求 SSL】，所以客户端只能通过 HTTPS 的形式来访问 Web 安全站点，如图 9-44 所示。

（2）再次在客户端打开 IE 浏览器，在地址栏输入"https://yxb.wgs.com"，浏览器提示【此站点不安全】，单击【转到此网页（不推荐）】浏览网站，如图 9-45 所示。

（3）打开 Web 站点后，可以发现，虽然我们打开了 Web 站点，但是在地址栏上依然会提示【证书错误】的安全提示，如图 9-46 所示。

（4）单击地址栏的【证书错误】，在显示的对话框中选择【查看证书】，可以看出该服务器证书未被客户端所信任，如图 9-47 和图 9-48 所示。

（5）为了解决证书错误的问题，我们需要在客户端下载和导入服务器的根 CA 证书。在 IE 浏览器中访问 CA 服务器申请证书的 Web 站点：http://10.6.64.8/certsr，单击【下载 CA 证书、证书链或 CRL】，如图 9-49 所示。

图 9-44　HTTP 形式访问

图 9-45　HTTPS 形式访问

图 9-46　证书错误安全提示

图 9-47　查看证书

图 9-48　证书不受信任

图 9-49　访问 CA 服务器证书申请 Web 站点

（6）单击【下载 CA 证书】，把 CA 证书保存到本地，如图 9-50 所示。

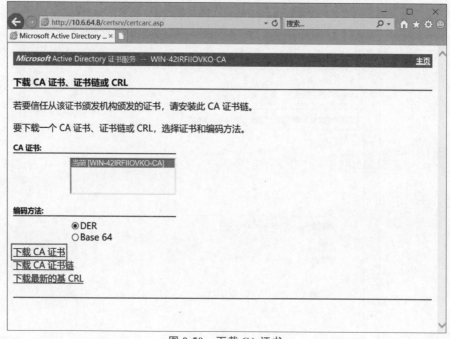

图 9-50　下载 CA 证书

（7）打开浏览器的【Internet 选项】，在【内容】选项卡中单击打开【证书】，如图 9-51 所示。

（8）在【证书】对话框中，打开【受信任的根证书颁发机构】选项卡，单击左下方的【导入】按钮，如图 9-52 所示。

（9）在弹出的【证书导入向导】对话框中，单击【下一步】按钮。

（10）在【证书导入向导】对话框中，选择存放在本地的服务器证书，如图 9-53 所示。

（11）在【证书导入向导】对话框中，选择证书存储的系统区域，在此我们选择将证书存储在【受信任的根证书颁发机构】，如图 9-54 所示。

图 9-51　打开所有证书

图 9-52　导入证书

图 9-53　选择导入的证书

图 9-54　选择存储区域

（12）在【证书导入向导】对话框中，单击【完成】按钮，完成证书的导入。

（13）在弹出的【安全警告】对话框中，单击【是】按钮，如图 9-55 所示。

（14）证书导入成功后，在受信任的根证书颁发机构中，会出现刚导入的根 CA 证书，如图 9-56 所示。

（15）再次在客户端打开浏览器，在地址栏输入"https://yxb.wgs.com"打开 Web 站点，发现浏览器不会再出现【证书错误】的安全提示，如图 9-57 所示。

图 9-55 安全性警告

图 9-56 成功导入 CA 根证书

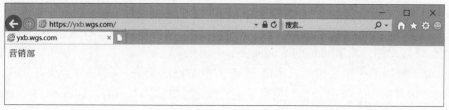

图 9-57 客户端正常访问 Web 安全站点

9.3.5 任务 5 为客户端申请证书并验证 HTTPS 访问 Web 安全站点

❋ 任务分析

根据五桂山公司的需求,人事部需要对用户的身份进行验证。所在人事部的 Web 安全站点不仅需要客户端信任该服务器的 CA 证书,同时也需要用户提供身份验证的证书才可以访问 Web 安全站点,如果不能提供可信的数字证书,用户无法访问 Web 安全站点。

❋ 任务实施过程

(1)根据任务 4 和任务 5 的步骤,为人事部 Web 站点申请安全证书,在 IIS 管理器上创建人事部(rsb.wgs.com)的 Web 安全站点(端口号不能跟营销部所使用的端口号一样,否则会出现错误),并在客户端导入根 CA 证书,如图 9-58～图 9-60 所示。

图 9-58 申请安全证书

(2)此时,在人事部 Web 安全站点的 SSL 设置中,客户端证书选择的是【忽略】,并且在浏览器中,客户端个人证书为空,如图 9-61 和图 9-62 所示。

(3)在客户端打开浏览器,在地址栏输入"https://rsb.wgs.com:444"可以正常访问人事部的 Web 安全站点,如图 9-63 所示。

(4)打开人事部 Web 安全站点,在 SSL 设置中,将客户端证书选项修改为【必需】,单击右侧的【应用】,应用修改的 SSL 设置,如图 9-64 所示。

(5)在客户端打开浏览器,在地址栏输入"https://rsb.wgs.com:444",无法正常访问人事部 Web 安全站点,如图 9-65 所示,原因在于我们在 SSL 设置中设置了客户端需要提供证书验证,而客户端并没有可信的个人证书。

(6)为了解决无法正常访问人事部 Web 安全站点的问题,我们需要为客户端向 CA 服务器申请可信任的个人证书。打开浏览器,在地址栏中输入"http://10.6.64.8/certsrv",单击【申请证书】,如图 9-66 所示。

图 9-59　创建 Web 安全站点

图 9-60　导入根 CA 证书

图 9-61　此时 SSL 的设置

图 9-62　此时客户端的个人证书

图 9-63　正常访问人事部的 Web 安全站点

图 9-64 修改 SSL 设置

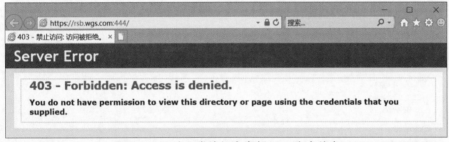

图 9-65 无法正常访问人事部 Web 安全站点

图 9-66 申请证书

（7）单击【Web 浏览器证书】，如图 9-67 所示。

（8）填写 Web 浏览器证书的识别信息，单击【提交】按钮提交证书申请，提交成功后浏览器提示证书申请处于挂起状态，如图 9-68 和图 9-69 所示。

图 9-67　申请 Web 浏览器证书

图 9-68　填写信息并提交证书

图 9-69　成功提交证书申请

（9）在服务器中，打开【服务器管理器】，单击【工具】按钮，进入【证书颁发机构】，打开【证书颁发机构】，在【挂起的申请】中把刚刚提交的所申请的证书颁发。在客户端浏览器中打开"http://10.6.64.8/certsrv"，查看刚刚颁发的证书，下载并安装该证书，安装完在浏览器的个人证书选项会显示出现新的证书，如图 9-70 所示。

图 9-70　个人证书

（10）再次在客户端浏览器地址栏中输入"https://rsb.wgs.com：444"访问人事部 Web 安全站点，此时可以正常访问人事部 Web 安全站点，如图 9-71 所示。

图 9-71　正常访问人事部 Web 站点

9.3.6　任务 6　证书的吊销与 CRL

❈ 任务分析

在实际证书服务器运作中，有时可能会出现证书的泄露或者其他情况，所以在必要时候我们需要对已颁发的证书进行吊销。在此任务中，我们将模拟吊销营销部的证书，ID 为 2。

❈ 任务实施过程

（1）打开证书颁发机构，右击营销部的证书，在弹出的快捷菜单中选择【所有任务】→【吊销证书】命令，如图 9-72 所示。

（2）选择证书吊销的理由为【证书待定】，单击【是】按钮，吊销证书，如图 9-73 所示。

注意：在吊销证书的理由中，只有选择【证书待定】才可以恢复证书，其余理由无法恢复证书。

图 9-72　吊销营销部证书

图 9-73　选择吊销证书的理由

（3）在【吊销的证书】中，可以看到刚刚吊销的营销部证书，如图 9-74 所示。

图 9-74　吊销的营销部证书

（4）由于证书被吊销之后，客户端不会马上察觉到，所以如果需要立即生效，可以右击
【吊销的证书】，在弹出的快捷菜单中选择【属性】命令，在【吊销的证书属性】对话框中勾选

【发布增量】,单击【确定】按钮,如图 9-75 和图 9-76 所示。

图 9-75 吊销证书的属性

图 9-76 发布新的增量

(5)在客户端浏览器地址栏中输入"https://yxb.wgs.com"访问营销部 Web 安全站点,此时浏览器提示此网站的安全证书已被吊销,证明证书的吊销生效,如图 9-77 所示。

(6)再次打开【证书颁发机构】,右击吊销的证书,在弹出的快捷菜单中选择【所有任务】→【解除吊销证书】命令恢复刚才吊销的 ID 为 2 的证书,如图 9-78 所示。

(7)再次在客户端浏览器地址栏中输入"https://yxb.wgs.com"访问营销部 Web 安全站点,此时又可以正常访问了,如图 9-79 所示。

图 9-77　客户端访问证书失效的 Web 站点

图 9-78　解除吊销证书

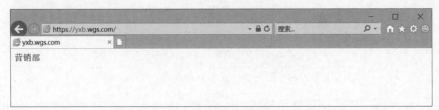

图 9-79　再次正常访问营销部 Web 站点

9.3.7　任务 7　签名和加密邮件的配置与管理

❋ 任务分析

在邮件服务的应用中,由于安全性和完整性的原因,我们往往会采用一些邮件服务功能,比如签名和加密等。

　　电子邮件的数字签名,就是只有信息的发送者才能产生的别人无法伪造的一段数字串,这段数字串同时也是对信息的发送者发送信息真实性的一个有效证明。数字签名的文件的完整性很容易验证,而且数字签名具有不可抵赖性。

　　电子邮件的加密,就是通过安全证书对电子邮件进行加密,实现了邮件的加密解密、签名验证和时间控制策略,使用简便、易于部署。

❋ 任务实施过程

　　(1) 首先,我们根据项目 8 学习的电子邮件服务器知识对 SMTP 和 POP3 进行配置,如图 9-80~图 9-82 所示。

图 9-80　SMTP 的配置

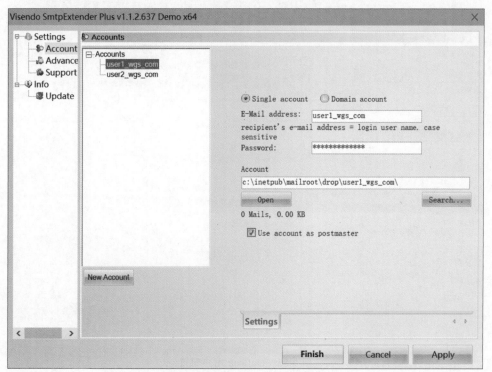

图 9-81　POP3 中 user1 的配置

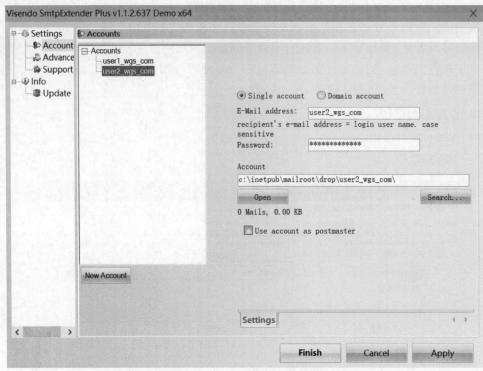

图 9-82　POP3 中 user2 的配置

（2）打开 Outlook，创建两个用户 user1 和 user2，创建完成后，如图 9-83 所示。

图 9-83　Outlook 用户配置

（3）申请数字证书。在客户端打开浏览器，在地址栏中输入"http://10.6.64.8/certsrv"，选择【申请证书】，如图 9-84 所示。

图 9-84　选择所需任务

（4）申请证书，选择【高级证书申请】，如图 9-85 所示。

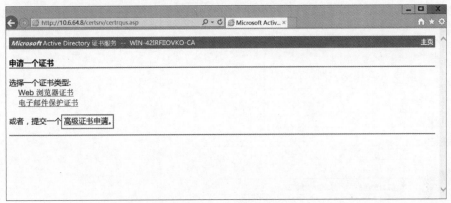

图 9-85　申请证书

（5）高级证书申请，选择【创建并向此 CA 提交一个申请】，在弹出的对话框中，单击【是】按钮，如图 9-86 和图 9-87 所示。

图 9-86　申请高级证书

（6）填写所申请的高级证书的识别信息，证书类型选择【电子邮件保护证书】，密钥用法

图 9-87　Web 访问确认

选择【两者】，其余根据需求选择，单击【提交】按钮，如图 9-88 所示。

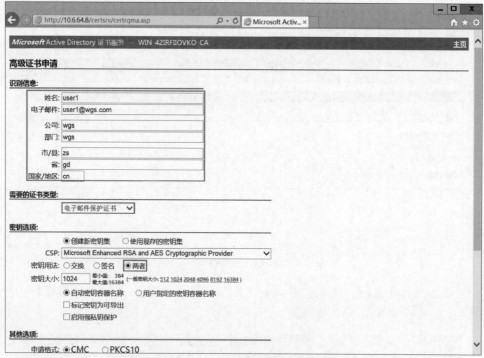

图 9-88　填写高级证书内容

（7）提交成功后，出现申请证书的 ID 为 5，如图 9-89 所示。

图 9-89　证书申请 ID

（8）在服务器中，打开证书颁发机构，颁发 ID 为 5 的证书，颁发成功后，如图 9-90 所示。

图 9-90 颁发证书

（9）在客户端中，打开浏览器，在地址栏中输入"http://10.6.64.8/certsrv"，下载并安装所申请的数字证书，安装成功后，在 Internet 选项中会显示所申请的证书，如图 9-91 所示。

图 9-91 下载并安装证书

（10）在客户端打开 Outlook 2010，单击左上角的【文件】，选择【选项】，如图 9-92 所示。

（11）在 Outlook 选项中，选择【信任中心】，单击【信任中心设置】按钮，如图 9-93 所示。

（12）在【信任中心】中，选择【电子邮件安全性】。在【加密电子邮件】中勾选【加密待发邮件的内容和附件】和【给待发邮件添加数字签名】，勾选完成后，单击【设置】按钮，进行设

图 9-92　选项设置

图 9-93　信任中心设置

置,如图 9-94 所示。

（13）在【更改安全设置】对话框中,勾选【该安全邮件格式的默认加密设置】和【所有安全邮件的默认加密设置】复选框,如图 9-95 所示。

（14）在【签名证书】中,单击【选择】按钮,选择刚才所申请的数字证书 user1,如图 9-96和图 9-97 所示。

图 9-94　加密电子邮件的设置

图 9-95　更改安全设置

（15）根据上面的步骤，选择加密证书 user1，选择后如图 9-98 所示。

（16）打开 Outlook，单击用户"user1@wgs.com"，选择【新建电子邮件】，如图 9-99 所示。

（17）输入收件人"user2@wgs.com"、主题和邮件内容，单击工具栏的【选项】菜单，选择【签署】命令，签署完成后，单击【发送】按钮，如图 9-100 所示。

图 9-96　单击【签名证书】后的【选择】按钮

图 9-97　选择签名证书

图 9-98　选择加密证书

图 9-99 新建电子邮件

图 9-100 编辑签名邮件

（18）成功发送和接收后，用户"user2@wgs.com"接收到"user1@wgs.com"的签名邮件，双击打开邮件，如图 9-101 和图 9-102 所示。

（19）单击邮件的签名标识，可以看到数字签名状态为"有效"，如图 9-103 所示。

（20）单击用户"user1@wgs.com"，选择【新建电子邮件】。输入收件人"user2@wgs.com"、主题和邮件内容，单击工具栏的【选项】菜单，选择【加密】命令，加密完成后，单击【发送】按钮，如图 9-104 所示。

图 9-101　user2 接收到签名邮件

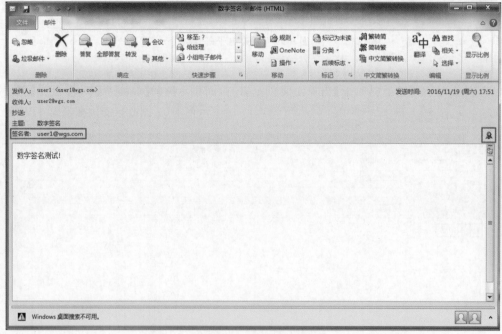

图 9-102　签名邮件内容

（21）此时弹出一个对话框，提示该邮件无法加密，如图 9-105 所示（在客户机上完成 POP3 测试过程中，当不能发送加密邮件给对方时，可以先由对方发送一封签名邮件过来，将对方加为联系人，因为对方同时也将对方的公钥发过来了，保存后，对方的公钥也在本地的联系人中，即可发送加密邮件了）。

（22）单击用户"user2@wgscom"，选择【新建电子邮件】，输入收件人"user1@wgs. com"、主题和邮件内容，单击【发送】按钮，如图 9-106 所示。

图 9-103　签名邮件标识

图 9-104　编辑加密邮件

（23）用户"user1@wgs.com"接收到来自用户"user2@wgs.com"的电子邮件后,双击打开,右击邮件中的发件人,在弹出的快捷菜单中选择【添加到 Outlook 联系人】命令,如图 9-107所示。

（24）在【联系人】对话框中,输入联系人的名字"user2",单击【保存并关闭】按钮,完成联系人的添加,如图 9-108 所示。

（25）再次单击用户"user1@wgs.com",选择【新建电子邮件】。输入收件人"user2"(已

图 9-105　邮件无法加密

图 9-106　发送签名邮件

图 9-107　添加联系人

图 9-108　编辑联系人信息

经添加为联系人，添加名字即可）、主题和邮件内容，单击工具栏的【选项】菜单，选择【加密】命令，加密完成后，单击【发送】按钮，如图 9-109 所示。

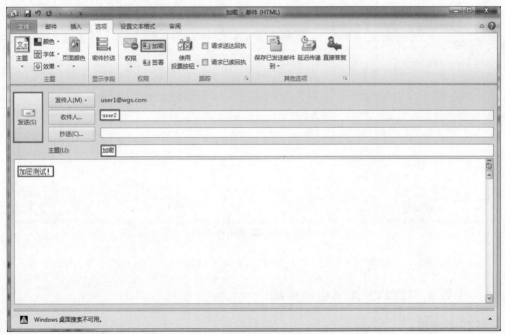

图 9-109　编辑加密邮件

（26）成功发送和接收后，用户"user2@wgs.com"接收到"user1@wgs.com"的加密邮件，双击打开邮件，如图 9-110 和图 9-111 所示。

图 9-110　user2 接收到加密邮件

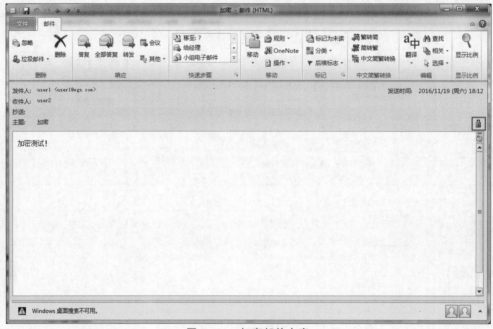

图 9-111　加密邮件内容

（27）单击邮件的加密标识，可以看到该邮件为加密邮件，如图 9-112 所示。

9.3.8　任务 8　HTTPS 证书申请实战

❀ 任务分析

要使网站在公网里能够安全地被访问，那就需要给网站配置一个由可信组织颁发的 HTTPS 证书，接下来的任务就是通过一个网站申请提供的证书服务，获得一个由 Let's Encrypt 颁发的免费证书。

图 9-112　加密邮件标识

※ 任务实施过程

（1）首先访问"ohttps.com"注册一个账号，这里需要一个邮箱，如图 9-113 所示。

图 9-113　注册 OHTTPS 账号

（2）单击【证书管理】进入证书管理界面，如图 9-114 所示。

图 9-114　进入证书管理界面

（3）单击【＋创建证书】，如图 9-115 所示。

图 9-115　创建证书

（4）输入需要申请的域名。【单域名】，即这个证书只适用于一个域名（主机名）。【多域名】，一个证书可用于多个域名（主机名），但顶级域必须相同。【泛域名】则是一个证书可以用于这个顶级域以下的所有子域（主机名），如图 9-116 所示。

图 9-116　输入域名

（5）然后把主机记录填入 DNS 记录，如图 9-117 和图 9-118 所示。

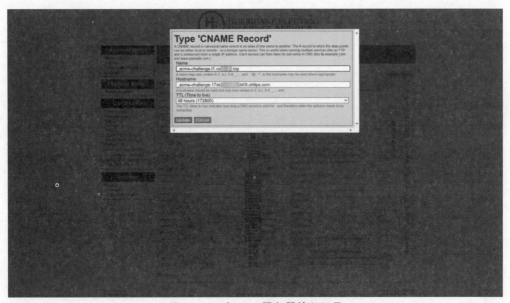

图 9-117　CNAME 记录

图 9-118　在 DNS 服务器填入记录

（6）几分钟后，待解析生效后单击【验证解析记录】，然后单击【创建证书】按钮即可完成证书的创建，如图 9-119 所示。

（7）证书申请可能要等几分钟，最后在此界面可下载证书文件和私钥，如图 9-120 所示。

（8）在这个网站生成的证书文件无法直接作用于 IIS，需要先进行转换。这个网站提供了转换工具的链接，如图 9-121 所示。

（9）将刚才的证书和密钥复制过来，并输入一个简单的密码即可下载转换好的证书文

图 9-119　验证解析记录

图 9-120　下载证书

图 9-121　证书转换

件了。复制生成的证书需选择"fullchain.cer"，证书文件的目标格式选择【PKCS12】，如图 9-122 所示。

（10）最后再重复任务 2 的第(17)步将证书导入即可。

原格式： PEM

目标格式： PKCS12

证书文件：

ikfmZW4/RvTZ8M6UK+5UzhK8jCdLuMGYL6KvzXGRSgi3yLgjewQtCPkIVz6D2QQz
CkcheAmCJ8MqyJu5zlzyZMjAvnnAT45tRAxekrsu94sQ4egdRCnbWSDtY7kh+BIm
lJNXoB1lBMEKIc   iwXD9RiX8F6sw6W4
avAuvDszue5L3s   :8DQYzk1OXVu8rp2
yJMC6alLbBfODA   9hV13LEKQ73xF1O
yK5GhDDX8oVfGK   .5Lc5da149p90Ids
hCExroL1+7mryI   lPlbuEjN/1xPFin+
HlUjr8gRsI3qfJOQFy/9rKIJR0Y/8Omwt/8oTWgy1mdeHmmjk7j1nYsvC9JSQ6Zv
MldlTTKB3zhThV1+XWYp6rjd5JW1zbVWEkLNxE7GJThEUG3szgBVGP7pSWTUTsqX
nLRbwHOoq7hHwg==
-----END CERTIFICATE-----

私钥文件：

xBoBZeTbrpcboVC6pz5XPeTGXyR58s5ML/11KKD0dRHiVzZWnaYV8yo/u0RTdVJX
Ck3WR18NFSxJ2qYyymk9HbWZIepzlGMIsz1G/JwSmalQnlGpdknCG7JipKIxsAcc
DQ+4TQV+xVmkA4zwsc0rc05R0sYyiR+CecfDbIUCgYAtPdAl5TmT1kAmv0cbljL+
bDohiT/81K198yC   hf0OwmzTz0Q4XX
bYRpGoNv2BOkBm\   yh+v+yexhiWPze
lI/iglP1D09d4Ju   Nc+ERMxIkYqI09
8ykIUTWub1bD+IZ   JeQAFrpiiW4e6U
+4FEZN9728o/6Rt   rgMLiGc6m+Uy4e
boFdAoGBAKsEaTuE+s9b4e0swb2mfgfRdYEdP8p7XA6tJZXJ0C1QiYzXzNyvFrDg
ORjCbqzwGQ1XDpwpxqgQMfyUihrOR3A6+jM4jsdQzB2sdVOfdsMKRc59106SVPaP
EWS834M5vA4GshCvMxK/PNjpxg8OTrCD8339bs91qrTdfVldc+0g
-----END RSA PRIVATE KEY-----

私钥密码（如果你的私钥有密码，请输入私钥密码）：

* 新文件密码：

• • • • • •

图 9-122 粘贴证书与私钥

9.4 项目总结

常见问题 1：申请的证书颁发失败。

解决方案：重新启动证书颁发机构即可，如图 9-123 所示。

常见问题 2：客户端在申请浏览器证书时，出现如图 9-124 所示的安全警示。

解决方案：在浏览器的【Internet 选项】中，打开【安全】选项卡，单击【自定义级别】按钮，在安全设置里面，将【对未标记为可安全执行脚本的 ActiveX 控件初始化并执行脚本（不安全）】设置为【启用（不安全）】，如图 9-125 所示。

常见问题 3：吊销证书后，还可以继续访问 Web 站点。

解决方案：在吊销的证书属性中勾选【发布增量】复选框，在浏览器中输入"http://10.6.64.8/certsrv"即可下载最新的增量 CRL，在最新的增量 CRL 中就有吊销的证书信息，如图 9-126 和图 9-127 所示。

图 9-123　重启证书颁发机构

图 9-124　安全警示

图 9-125　启用 ActiveX 设置

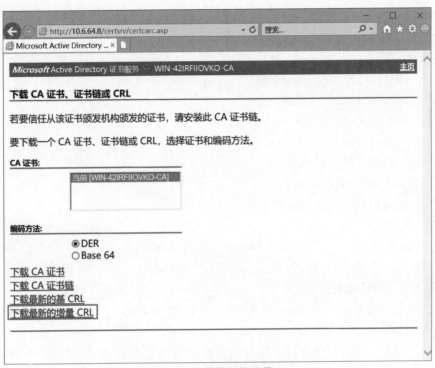

图 9-126　下载最新的增量 CRL

图 9-127　吊销的证书信息

9.5　课后习题

一、选择题

1. 关于 SSL 协议，下列不正确的是（　　　）。

   A. SSL 的全称是 Secure Sockets Layer

   B. SSL 是一种安全协议

   C. SSL 协议工作于网络层

   D. TLS 是 SSL 的继任者

2. DER 编码的证书扩展名一般为（　　　）。

   A. .cerb　　　　　　B. .crd　　　　　　C. .txt　　　　　　D. .srv

3. 证书服务器使用（　　　）协议来颁发和管理数字证书。

   A. SSL　　　　　　B. TLS　　　　　　C. PKI　　　　　　D. HTTP

4. 证书服务器可以通过设置（　　　）来提供证书的完整性和真实性验证。

   A. 证书链　　　　　B. 证书签名　　　　C. 证书策略　　　　D. 证书请求

二、填空题

1. PKI 是指_____，是一种遵循既定标准的密钥管理平台，为网络上的信息传输提供了加密和验证的功能，同时还可以确定信息的完整性，即传输内容未被人非法篡改。PKI 的基本元素是_____。CA 是指_____机构。

2. 完整的 PKI 系统必须具有_____、_____、_____、_____等基本构成部分。

3. PKI 是利用_____建立的提供安全服务的基础设施。

4. 常用的加密算法主要有_____、_____、_____三种。

5. 密码体制分为_____和_____两种类型。

6. 在安全系统的基础下，CA 可以分为_____和_____。

7. 在 Web 站点中，默认的 SSL 端口号是_____。

8. 如果服务器或者客户端需要向证书颁发机构申请证书，需要在浏览器的地址栏中输入_____。

9. 在配置证书服务器时，需要确保证书的有效期和_____，以确保证书的可靠性和安全性。

10. 为了保护证书的私钥，证书服务器可以使用_____技术来加密存储。

三、实训题

出于安全性考虑，某公司近期需要对公司财务部 Web 访问服务进行完善。财务部单独申请了一台 CA 服务器来做财务部子 CA。

要求：

（1）为财务部搭建一个安全的 Web 站点；

（2）财务部子 CA 与企业根 CA 建立信任关系；

（3）财务部员工需要向财务部子 CA 申请客户端浏览证书，以 HTTPS 的形式访问 Web 安全站点。

项目 10　VPN 服务器的配置与管理

本章系统介绍 VPN 服务器的理论知识，VPN 服务器的基本配置。

通过本章的学习应该完成以下目标：

- 理解 VPN 服务器的理论知识；
- 掌握 VPN 服务器的基本配置。

10.1　项目背景

五桂山公司是一家电子商务公司，为了公司业务需求，出差在外的员工经常要访问公司内部服务器的数据，为了保证员工出差期间能够和公司之间实现安全的数据传输，公司决定使用远程访问 VPN 架构。公司的网络管理部门将在原企业内网的基础上配置一台双网卡的 Windows Server 2022(IP：10.6.64.8/24)来做 VPN 服务器，网络拓扑图如图 10-1 所示。

图 10-1　VPN 网络拓扑图

10.2　知识引入

10.2.1　什么是 VPN 服务器

VPN 英文全称是 Virtual Private Network，中文全称是"虚拟专用网"。虚拟专用网就是一种虚拟出来的企业内部专用线路，这条隧道可以对数据进行加密以达到安全使用互联网的目的。虚拟专用网可以帮助远程用户、公司分支机构、商业伙伴及供应商与本公司的内部网络建立可信的安全连接。

10.2.2 VPN 的优缺点

1. 优点

(1) 成本低：与传统的专线网络相比，虚拟专用网能够减少运营成本以及降低远程用户的连接成本。此外，虚拟专用网固定的通信成本有助于企业更好地了解自己的运营开支。虚拟专用网还能够提供低成本的全球网络机会。

(2) 安全性高：虚拟专用网提供一个高水平的安全级别，使用高级的加密和身份识别协议防止数据被窥探，防止数据窃贼和其他非授权用户窥探数据。

(3) 可扩充性和灵活性：设计良好的虚拟专用网是模块化的和具有伸缩性的。虚拟专用网技术能够让应用者使用容易设置的互联网基础设施，允许迅速地和方便地向这个网络增加新用户。这个能力意味着企业不必增加额外的基础设施就能够提供大量的网络容量和应用。

(4) 利用率高：虚拟专用网能够让移动员工、远程办公人员、业务合作伙伴和其他人利用本地已有的高速宽带访问公司的网络，为连接远程办公室提供一个节省成本的方法。

2. 缺点

(1) 若企业使用第三方 VPN 服务，则数据安全将受限于服务提供商的安全保障能力，如果服务商出现信息泄露则会影响到公司的正常运行。

(2) 若企业自行创建和部署一个虚拟专用网亦不容易。这个技术需要对网络和安全问题有高水平的理解的职员认真地规划和配置。

(3) 不同厂商所提供的虚拟专用网产品及解决方案，由于部分厂商在技术标准遵循上的意愿不足或能力有限，普遍存在兼容性难题。如此一来，设备的混搭配置极有可能触发一系列技术挑战。另一方面，为确保兼容性和稳定性而单一选用某一家供应商的产品，则可能会导致成本的攀升。

10.2.3 VPN 服务器的工作原理

借助 VPN，企业外出人员可随时连到企业的 VPN 服务器，进而连接到企业内部网络。借助 Windows Server 2022 的"路由和远程访问"服务，可以方便地建立 VPN 服务。

VPN 通过一个公用网络(如 Internet)建立一个临时的、安全的、模拟的点对点连接。这是一条穿越公用网络的信息隧道，数据可以通过这条隧道在公用网络中安全地传输。因此也可形象地称为"网络中的网络"。而保证数据安全传输的关键就在于 VPN 使用了隧道协议，目前常用的隧道协议有 PPTP、L2TP 和 IPSec。

此服务器基于 Windows Server 2022，通过宽带接入 Internet。客户端通过 Internet 与服务器建立 VPN 连接。VPN 服务器需要两张网卡，一张连入内网一张连入外网。

Authentication(验证)：设置哪些用户可以通过 VPN 访问服务器资源。在 DC 上做身份验证。

Authorization(授权)：检查客户端是否可以拨入服务器，是否符合拨入条件(时间，协议)。

VPN 工作原理：VPN 客户端请求拨入 VPN 服务器→ VPN 服务器请求 DC 进行身份验证→得到授权信息→VPN 服务器回应 VPN 客户端拨号请求→VPN 服务器与客户端建立连接，并开始传送数据。

10.2.4　隧道协议

VPN 使用的协议（隧道协议）如下。

（1）PPTP：点对点传输协议，使用 Microsoft point-to-point encryption（MPPE）加密算法（默认采用协议）适用于 Ethernet。

（2）L2TP：默认无加密算法，可搭配 IPsec 加密算法使用。适用于 Ethernet、X.25、ATM。用户账号拨入权限：条件、权限、配置文件决定了客户端是否可以拨入 VPN 网络。配置文件包括：接入时间、IP 地址范围、是否支持多链路、何种身份验证、是否加密。配置过程：路由和远程访问→远程访问策略→进行相应时间、配置文件设置。

10.3　项目过程

10.3.1　任务 1　VPN 服务器的安装

❋ 任务分析

根据项目背景得知如下需求：五桂山公司的网络管理部门将在原企业内网的基础上配置一台新的 Windows Server 2022 服务器来做 VPN 服务器。接下来，将在此服务器上安装相关服务功能（远程访问）来满足该需求。

❋ 任务实施过程

1. VPN 服务器的安装

（1）打开【服务器管理器】，单击【添加角色和功能】按钮，进入【添加角色和功能向导】。

（2）单击【下一步】按钮，选择【基于角色或基于功能的安装】。

（3）单击【下一步】按钮，选择从服务器池选择服务器（安装程序会自动检测与显示这台计算机采用静态 IP 地址设置的网络连接），默认单击【下一步】按钮，勾选【远程访问】后，单击【下一步】按钮，完成添加选择，如图 10-2 所示。

图 10-2　添加远程访问

（4）完成角色添加后，单击【下一步】按钮，选择添加【远程访问】功能，若无特殊要求，此处默认即可，如图 10-3 所示。

图 10-3　选择添加功能

（5）单击【下一步】按钮，继续回到【选择角色服务】，勾选【DirectAccess 和 VPN】后，会弹出【添加角色和服务向导】的提示页面，在提示页面上单击【添加功能】按钮，服务器将自动添加 Web 服务器(IIS)，如图 10-4 所示。

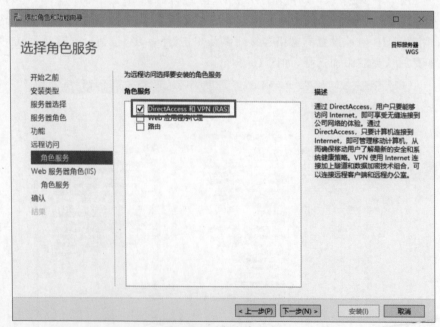

图 10-4　选择角色服务

（6）默认单击【下一步】按钮继续，至确认安装所选内容，如图 10-5 所示。

图 10-5　确认安装内容

（7）单击【安装】按钮，完成 VPN 服务器的安装，安装成功后，单击【关闭】按钮，如图 10-6 所示。

图 10-6　完成 VPN 的安装

2. 配置服务与远程访问

（1）在服务器管理器面板中，需进行配置远程访问；回到仪表板，按照提示单击【打开 "开始向导"】，如图 10-7 所示。

图 10-7　配置服务与远程访问

（2）选择配置远程访问的类型，这里选择【仅部署 VPN】，如图 10-8 所示。

图 10-8　选择远程访问的类型

（3）打开路由和远程访问面板，如图 10-9 所示，由于未配置，因此是红色状态。

图 10-9　路由和远程访问面板

　（4）右击【WGS（本地）】，在弹出的快捷菜单中选择【配置并启用路由和远程访问】命令，如图 10-10 所示，打开【路由和远程访问服务器安装向导】。

图 10-10　配置并启用路由和远程访问

　（5）单击【下一步】按钮，选择【自定义配置】单选按钮，如图 10-11 所示。
　（6）单击【下一步】按钮，在"选择你想在此服务器上启用的服务"下方，选择全部选项，如图 10-12 所示。
　（7）单击【下一步】按钮，如图 10-13 所示，在完成【路由和远程访问服务器安装向导】界面单击【完成】按钮，在弹出的配置完成【路由和远程访问】的对话框中单击【确定】按钮。

图 10-11　自定义配置

图 10-12　选择启用的服务

（8）在单击【完成】按钮后弹出的【启动服务】对话框中单击【启动服务】按钮，如图 10-14 所示，启动完成，单击【关闭】按钮。

（9）服务启动完毕，打开路由与远程访问，如图 10-15 所示。

图 10-13　完成安装向导

图 10-14　启动服务

图 10-15　路由与远程访问

10.3.2　任务 2　创建具有远程访问权限的用户

❋ 任务分析

VPN 客户端连接到远程访问 VPN 服务器时,必须验证用户的身份(用户名和密码)。身份验证成功后,用户就可以通过 VPN 服务器来访问有权限的资源了。本部分主要介绍如何配置 VPN 相关服务以及配置 VPN 访问账户的方法。

❋ 任务实施过程

1. 配置 VPN 服务

(1) 打开【路由和远程访问】界面,右击【WGS(本地)】,在弹出的快捷菜单中选择【属性】命令,如图 10-16 所示。

图 10-16　选择【属性】命令

（2）在【WGS(本地)属性】对话框中，在【常规】选项卡下勾选【IPv4 路由器】复选框，并勾选【IPv4 远程访问服务器】复选框，如图 10-17 所示。

图 10-17　修改属性

（3）切换到 IPv4 选项卡下，选择静态地址池方式，选择【添加】IP 起始范围，输入内网中空闲的 IP 地址范围（192.168.1.50—192.168.1.70），如图 10-18 所示，也可以选择 DHCP 方式，勾选【启用广播名称解析】，如图 10-19 所示。

图 10-18　添加静态地址池

图 10-19　启用广播名称解析

（4）单击【确定】按钮完成编辑。

2. 添加 VPN 访问账户操作

（1）打开服务器管理器，单击【工具】菜单选择【计算机管理】选项打开计算机管理界面，如图 10-20 所示。

图 10-20　计算机管理界面

（2）选择【本地用户和组】下的【用户】右击，在弹出的快捷菜单中选择【新用户】命令，如图 10-21 所示。

图 10-21　新建新用户

（3）在弹出的【新用户】对话框中，输入用户名和密码，取消勾选【用户下次登录时须更改密码】复选框，如图 10-22 所示。

图 10-22　输入用户名和密码

（4）选择刚刚新建的用户，右击，在弹出的快捷菜单中选择【属性】命令，在打开的对话框中打开【拨入】选项卡，勾选【允许访问】和【分配静态IP地址】，如图10-23所示。单击【静态IP地址】按钮，在打开的对话框中填写远程访问刚才地址池里IP地址池范围中的地址。

图 10-23　修改用户属性

（5）单击【确定】按钮完成访问账户的配置。

10.3.3　任务3　VPN客户端建立VPN连接

❋ 任务分析

建立 VPN 连接的要求是：VPN 客户端与 VPN 服务器都必须已经连接上 Internet，然后在 VPN 客户端上新建与 VPN 服务器之间的 VPN 连接。以下以研发部一员工为实例进行客户端部署和连接。

❋ 任务实施过程

（1）在客户端下，从开始菜单打开【设置】，如图10-24所示。

（2）在 Windows 设置中选择【网络和 Internet】，如图10-25所示。

（3）选择 VPN 后单击【添加 VPN 连接】，如图10-26所示。

（4）输入 VPN 服务器的对外（客户端可以连接）IP 地址与账户密码，如图10-27所示。

（5）单击【连接】按钮即可连接至 VPN 服务器，如图10-28所示。

（6）若配置正常片刻后则显示"已连接"，如图10-29所示。

（7）在命令提示符（cmd）和控制面板查看客户端 IP 地址和 VPN 网络连接状态，如图10-30和图10-31所示。

图 10-24　打开【设置】

图 10-25　设置界面

图 10-26　添加 VPN 连接

图 10-27　输入 VPN 服务器的 IP 地址

图 10-28　单击【连接】按钮

图 10-29　VPN 连接成功

```
命令提示符                                                                    —   □   ×
Microsoft Windows [版本 10.0.19045.2006]
(c) Microsoft Corporation。保留所有权利。

C:\Users\T>ipconfig

Windows IP 配置

以太网适配器 Ethernet0:

   连接特定的 DNS 后缀 . . . . . . . . . : localdomain
   本地链接 IPv6 地址. . . . . . . . . : fe80::c498:7e1e:d3fe:949d%11
   IPv4 地址 . . . . . . . . . . . . : 192.168.100.131
   子网掩码  . . . . . . . . . . . . : 255.255.255.0
   默认网关. . . . . . . . . . . . . :

PPP 适配器 VPN:

   连接特定的 DNS 后缀 . . . . . . . . :
   IPv4 地址 . . . . . . . . . . . . : 192.168.1.41
   子网掩码  . . . . . . . . . . . . : 255.255.255.255
   默认网关. . . . . . . . . . . . . : 0.0.0.0

C:\Users\T>_
```

图 10-30   查看客户端 IP 地址池

图 10-31   VPN 网络连接状态

10.4　项目总结

VPN 是虚拟专用网的缩写,属于远程访问技术,简单地说就是利用公网连接路架设私有网络。例如公司员工出差到外地,他想访问企业内网的服务器资源,这种访问就属于远程访问。而怎么才能让外地员工访问到内网资源呢? VPN 的解决方法是在内网中架设一台 VPN 服务器,VPN 服务器有两块网卡,一块连接着内网,一块连接着公网。外地员工在当地连接上互联网后,通过互联网找到 VPN 服务器,然后利用 VPN 服务器作为跳板进入企业内网。为了保证数据的安全,VPN 服务器和客户机之间的通信数据都进行了加密处理。有了数据加密,我们可以认为数据是在一条专用的数据链路上进行安全的传输,就好像我们专门架设了一个专用网络。VPN 实质上就是利用加密技术在公网上封装出一个数据通信隧道。

10.5　课后习题

一、选择题

1. 下列不属于 VPN 的优点的是(　　　)。

    A. 成本低,安全性高　　　　　　　　B. 可扩充性和灵活性

    C. 利用率高　　　　　　　　　　　　D. 稳定,效率高

2. 下列关于 L2TP 说法正确的是(　　　)。

    A. L2TP 可以保证用户的合法性　　　B. L2TP 可以保证数据的安全性

    C. L2TP 可以保证 QoS　　　　　　　D. L2TP 可以保证网络的可靠性

3. 搭建 VPN 服务器需要两块网卡的目的是(　　　)。

    A. 提高安全性和性能　　　　　　　　B. 为了方便客户机访问内网资源

    C. 让机器同时连接内网与外网　　　　D. 为了保证数据的完整

二、填空题

1. VPN 的中文全称是_____。

2. VPN 的优点包括_____,_____,_____,_____。

3. VPN 使用的隧道协议有_____和_____。

三、项目实训题

Windows Server 2022 VPN 服务器的安装与配置。

内容与要求:

(1) 给服务器安装 VPN;

(2) 某公司在北京发展,现有员工出差到广州,要求在外地的员工能访问到公司内部资源且保证客户机在访问的通信数据是安全的。

项目 11　NAT 服务器的配置与管理

本章系统介绍 NAT 服务器的理论知识, NAT 服务器的基本配置, 动态 NAPT 的基本配置以及静态 NAPT 的基本配置。

通过本章的学习应该完成以下目标:
- 理解 NAT 服务器的理论知识;
- 掌握 NAT 服务器的基本配置;
- 掌握动态 NAPT 的基本配置;
- 掌握静态 NAPT 的基本配置。

11.1　项目背景

五桂山公司扩大规模, 引入多台计算机, 考虑到公网 IP 地址已经不能满足内网的 IP 地址需求, 为了让每个员工都可以访问到公网, 公司决定用 Windows Server 2022 搭建一台 NAT 服务器, 通过 NAT 的地址转换技术来解决公网 IP 地址紧缺的问题, 网络拓扑图如图 11-1 所示。

图 11-1　公司网络拓扑图

11.2　知识引入

11.2.1　NAT 的概念

网络地址转换(Network Address Translation, NAT)是一种把私网 IP 地址转换成公网

IP 地址的技术,这样就可以访问到 Internet。

NAT 的实现方法有 3 种类型：硬件路由器 NAT、软件 NAT、硬件防火墙 NAT。

11.2.2　NAT 的工作原理

NAT 的地址转换有 3 种类型：静态 NAT、动态 NAT、网络地址端口转换 NAT。

静态 NAT：内部网络的每个主机的 IP 地址和公网 IP 地址进行一一转换,进行 Internet 访问,这种方式比较占用公网 IP 地址。

动态 NAT：通过建立一个 NAT 地址池(pool),为每个内网 IP 地址分配一个临时的公网 IP 地址,访问结束后,用户断开,临时公网 IP 地址将被重新放置到地址池里,留待以后使用。

网络地址端口转换 NAP：内部 IP 地址映射到公网的一个 IP 地址的不同端口上,所指定的内部映射 IP 地址及其端口通过转换到指定的公网 IP 地址及其端口,使 Internet 能访问内部网络。

如图 11-2 所示,IP 地址为 10.6.64.108 的客户端通过 NAT 访问 Internet 上的 Web 服务器 202.168.8.88。

图 11-2　NAT 的工作过程

（1）客户端把数据包发送给运行 NAT 的服务器 10.6.64.1,数据包中源 IP 地址为 10.6.64.108,源端口号为 2048,目的 IP 地址为 202.168.8.88,目的端口号为 80。

（2）运行 NAT 的服务器把数据包中的源 IP 地址改为 202.168.8.1,端口号改为 2050,并把映射关系保存在 NAT 服务器的地址转换表中,然后 NAT 服务器把数据包通过 Internet 发送给外部的 Web 服务器。

（3）Web 服务器收到数据包后,发回一个回应数据包。数据包的源 IP 地址为 202.168.8.88,源端口号为 80,目的 IP 地址为 202.168.8.1,目的端口号为 2050。

（4）运行 NAT 的服务器收到回应包后,查看自己的映射信息,将数据包中的目的 IP 地址改为 10.6.64.108,目的端口号改为 2048,并将数据包发送给客户端。

11.3 项目过程

11.3.1 任务 1 NAT 服务器的安装

❋ 任务分析

根据项目情况得知如下需求：五桂山公司希望内网的用户都能访问到 Internet。管理员需要在企业内网的一台 Windows Server 2022 上配置一台 NAT 服务器。接下来，将在此服务器上安装配置 NAT 服务器。

❋ 任务实施过程

（1）打开【服务器管理器】，单击【添加角色和功能】选项。

（2）在【添加角色和功能向导】中，单击【下一步】按钮。然后，在【安装类型】中选择【基于角色或基于功能的安装】，单击【下一步】按钮。

（3）在【服务器选择】中，选择【从服务器池中选择服务器】，安装程序会自动检测与显示这台计算机采用静态 IP 地址设置的网络连接，单击【下一步】按钮。

（4）在【服务器角色】中，选择【远程访问】，单击【下一步】按钮，如图 11-3 所示。

图 11-3 远程访问

（5）在这里选择需要添加的功能，如无特殊需求，一般默认即可，单击【下一步】按钮，如图 11-4 所示。

（6）如图 11-5 所示，在【角色服务】中，勾选【DirectAccess 和 VPN(RAS)】和【路由】，勾选【DirectAccess 和 VPN(RAS)】后会自动弹出"添加功能"的界面，单击【添加功能】按钮，

图 11-4　添加默认功能

单击【下一步】按钮。

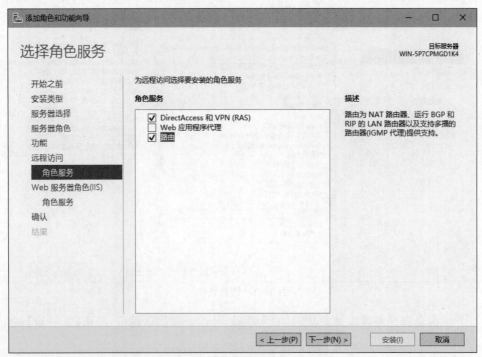

图 11-5　添加远程访问角色服务

（7）再单击【下一步】按钮，在【角色服务】中勾选【Web 服务器】中所需的角色（默认即可,安装完成后可更改),单击【下一步】按钮后继续单击【安装】按钮,如图 11-6 所示。

图 11-6　添加 Web 服务器角色服务

(8) 单击【关闭】按钮,完成安装,如图 11-7 所示。

图 11-7　完成安装

11.3.2 任务 2 动态 NAPT 的配置

❋ **任务分析**

五桂山公司向 ISP 购买了一个公网 IP 地址,公司决定搭建 NAT 服务器来实现公司内网与 Internet 的互通,通过动态 NAPT 的地址转换来访问 Internet,如图 11-8 所示。

图 11-8 动态 NAPT 的部署

❋ **任务实施过程**

(1) 打开【服务器管理器】,选择【工具】→【路由和远程访问】,打开【路由和远程访问】窗口,如图 11-9 和图 11-10 所示。

图 11-9 工具选择

(2) 右击"WIN-TOQS001I0FC(本地)",在弹出的快捷菜单中选择【配置并启用路由和远程访问】命令,如图 11-11 所示。

(3) 在【路由和远程访问服务器安装向导】界面中单击【下一步】按钮,选择【网络地址转换(NAT)】单选按钮,单击【下一步】按钮,如图 11-12 所示。

(4) 选择【使用此公共接口连接到 Internet】→【外网】(在这里需要在【虚拟机设置】中多添加一个【网络适配器】,这样服务器就两个网卡,分别把它们设置成【内网】和【外网】),单击【下一步】按钮,如图 11-13 所示。

图 11-10　【路由和远程访问】窗口

图 11-11　配置并启用路由和远程访问

（5）如果本地服务器没有安装 DNS 和 DHCP，则会出现如图 11-14 所示的界面，选择
【启用基本的名称和地址服务】单选按钮，单击【下一步】按钮。

（6）在【地址分配范围】对话框中单击【下一步】按钮，如图 11-15 所示。

（7）单击【完成】按钮，完成 NAT 服务器的配置向导，如图 11-16 所示。

图 11-12　路由和远程访问服务器安装向导

图 11-13　使用此公共接口连接到 Internet

图 11-14　启用基本的名称和地址服务

图 11-15　地址分配范围

（8）在公司客户端设置 IP 地址及网关，网关的地址为 NAT 服务器的 IP 地址，如图 11-17 所示。

（9）在客户端命令行使用 ping 命令，首先测试与 NAT 服务器的网关连通性，如图 11-18 所示，接着测试与 NAT 服务器的外网接口连通性，如图 11-19 所示，最后测试与 Internet 的 Web 服务器的连通性，如图 11-20 所示。

（10）打开 Edge 浏览器，在地址栏输入：http://202.168.8.88，如图 11-21 所示。

图 11-16 完成 NAT 服务器的配置向导

图 11-17 配置客户端 IP 地址及网关

图 11-18   测试与 NAT 服务器的网关连通性

图 11-19   测试与 NAT 外网接口的连通性

图 11-20   测试 Internet 的 Web 服务器的连通性

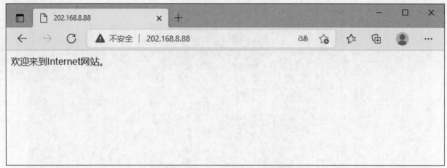

图 11-21　访问 Web 服务器

（11）回到 NAT 服务器，打开【路由和远程访问】，选择 IPv4→NAT，在右侧【外网】处右击，在弹出的快捷菜单中选择【显示映射】命令，如图 11-22 所示。

图 11-22　显示映射

（12）这时可以看到通过不同端口的网络地址转换的映射，如图 11-23 所示。

协议	方向	专用地址	专用端口	公用地址	公用端口	远程地址	远程端口	空闲时间
TCP	出站	10.6.64.108	58,456	202.168.8.1	61,918	202.168.8.88	80	6
TCP	出站	10.6.64.108	64,496	202.168.8.1	61,919	202.168.8.88	80	3

图 11-23　显示地址转换的映射

11.3.3　任务 3　静态 NAPT 的配置

❀ 任务分析

五桂山公司有一个 Web 服务器，公司希望 Internet 上的用户能够访问到公司内部的 Web 服务器，公司决定搭建 NAT 服务器来实现 Internet 用户的来访，通过静态 NAPT 的地址转换来满足 Internet 用户的需求，如图 11-24 所示。

图 11-24 静态 NAPT 的部署

※ 任务实施过程

（1）打开【服务器管理器】，选择【工具】→【路由和远程访问】，打开【路由和远程】窗口，如图 11-25 所示。

图 11-25 路由和远程访问

（2）打开【WIN-TOQS001I0FC(本地)】，选择 IPv4→NAT，在右侧【外网】处右击，在弹出的快捷菜单中选择【属性】命令，如图 11-26 所示。

图 11-26 选择外网接口属性

（3）在【外网 属性】对话框中，选择【服务和端口】→【Web 服务器（HTTP）】，在自动弹出的对话框中输入 Web 服务器的 IP 地址，如图 11-27 和图 11-28 所示。

图 11-27　选择 Web 服务器（HTTP）

图 11-28　输入 Web 服务器的 IP 地址

（4）在 Internet 客户端设置 IP 地址，如图 11-29 所示。

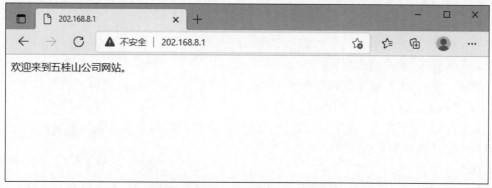

图 11-29　配置 Internet 客户端 IP 地址

（5）打开 Edge 浏览器，在地址栏输入：http://202.168.8.1，如图 11-30 所示。

图 11-30　访问五桂山公司网站

（6）回到 NAT 服务器，打开【路由和远程访问】，选择 IPv4→NAT，在右侧【外网】处右击，在弹出的快捷菜单中选择【显示映射】命令，如图 11-31 所示。

这时可以看到通过静态端口的网络地址转换的映射，如图 11-32 所示。

图 11-31　显示映射

协议	方向	专用地址	专用端口	公用地址	公用端口	远程地址	远程端口	空闲时间
TCP	入站	10.6.64.108	80	202.168.8.1	80	202.168.8.88	58,471	2,737

WIN-TOQS001IOFC - 网络地址转换会话映射表格

图 11-32　显示地址转换的映射

11.4　项目总结

常见问题 1：客户端用户访问 Internet 失败。

解决方案：NAT 服务器两张网卡 IP 地址及网关设置错误，内网网卡设置只需 IP 地址，不需要网关，如图 11-33 和图 11-34 所示。

常见问题 2：在配置 NAT 的过程中，在【路由和远程访问服务器安装向导】配置期间，内网网卡和外网网卡无法按照设想进行配置。

解决方案：

在存在多网卡的情况下，配置【NAT Internet 连接】的过程中，为内网客户端请求连接 Internet 连接的接口时，系统默认会以排序较后的作为内网客户端的请求接口，如图 11-35～图 11-37 所示。

为解决这个问题，可以利用网卡命名的方式，在网卡命名前加上 A(B) 等字符进行排序，这样就可以在不改变网卡的物理连线及网卡的 IP 地址的情况下，指定特定网卡作为外网网卡，特定的网卡为内网网卡，如图 11-38 和图 11-39 所示。

图 11-33   内网网卡 IP 地址

图 11-34   外网网卡 IP 地址

图 11-35　默认选择接口方式

图 11-36　默认选择排序靠后的网卡

图 11-37　默认选择接口方式

图 11-38　通过修改网卡名字更改排序

图 11-39　地址分配范围

11.5　课后习题

一、选择题

1. NAT 服务器的主要功能是(　　)。
   A. 动态分配 IP 地址　　　　　　　　B. 远程登录
   C. 进行网络地址转换　　　　　　　　D. 收发邮件
2. NAT 的含义是(　　)。
   A. 超文本传输协议　　　　　　　　　B. 网络地址转换
   C. 动态活动目录　　　　　　　　　　D. 域名
3. NAT 技术主要解决了(　　)问题。
   A. 公网 IP 地址的短缺　　　　　　　B. 传输速率
   C. 域名解析　　　　　　　　　　　　D. 远程登录

二、填空题

1. NAT 的实现方法有 3 种类型,分别是_____,_____,_____。
2. NAT 的地址转换有 3 种类型,分别是_____,_____,_____。

三、简答题

NAT 的工作原理是什么?

四、项目实训题

某公司在企业内网部署了 3 台 Windows Server 2022 分别来做 NAT 服务器、Web 服务器、DNS 服务器。考虑到内网 IP 地址不足,如图 11-40 所示,公司希望使用 NAT 技术解决。同时,公司 Web 服务器提供 Internet 用户浏览,需要使用 NAT 技术解决,公司域名为:www.wgs.com,Internet 用户可通过域名来访问 Web 服务器。请按上述需求进行合适的配置。

DNS服务器
IP: 10.6.64.90

公司Web服务器
IP: 10.6.64.108

Switch

IP: 10.6.64.1

NAT服务器

IP: 202.168.8.1

Internet

Internet用户
IP: 202.168.8.88

图 11-40　网络拓扑图

项目 12　虚拟化的配置与管理

本章系统介绍虚拟化的理论知识,虚拟化服务的安装,以及如何在虚拟化服务器中安装虚拟机和虚拟化服务器的配置。

通过本章的学习应该完成以下目标:

- 理解虚拟化的理论知识;
- 掌握如何安装虚拟化服务;
- 掌握如何在虚拟化服务器中安装虚拟机;
- 掌握如何虚拟化服务器的配置。

12.1　项目背景

五桂山公司旗下有一个子公司,多年来,该子公司网络中心已搭建了 DNS 服务器、FTP 服务器、DHCP 服务器等众多服务器,由于服务器大多运行多年,已无法满足当前公司发展的需求,所以公司准备购买一台高性能的服务器,使用虚拟化的方式把各服务器服务迁移到该服务器中,网络拓扑图如图 12-1 所示。

图 12-1　网络拓扑图

12.2　知识引入

12.2.1　什么是虚拟化

虚拟化(Virtualization)是一种资源管理技术,是将计算机的各种实体资源,如服务器、网络、内存及存储等,予以抽象、转换后呈现出来,打破实体结构间不可分割的障碍,使用户可以比原本的组态更好的方式来应用这些资源。这些资源的新虚拟部分不受现有资源的架设方式、地域或物理组态所限制。一般所指的虚拟化资源包括计算能力和资料存储。在实际的生产环境中,虚拟化技术主要用来解决高性能的物理硬件产能过剩和老的旧的硬件产能过低的重组重用,透明化底层物理硬件,从而最大化地利用物理硬件。

虚拟化技术与多任务以及超线程技术是完全不同的。多任务是指在一个操作系统中多个程序同时运行。而在虚拟化技术中,则可以同时运行多个操作系统,而且每个操作系统中都有多个程序运行,每一个操作系统都运行在一个虚拟的 CPU 或者是虚拟主机上。而超线程技术只是单 CPU 模拟双 CPU 来平衡程序运行性能,这两个模拟出来的 CPU 是不能分离的,只能协同工作。虚拟化技术也与 VMware Workstation 等同样能达到主机虚拟化效果的软件不同,Hyper-V 是微软专门为 Windows Server 平台上开发的虚拟平台,能基于硬件上运行虚拟机,而相对于 VMware Workstation 类的虚拟化软件,只能通过软件层上运行虚拟机,Hyper-V 有着性能、兼容性上的优势,是一个巨大的技术进步,具体表现在减少软件虚拟机相关开销和支持更广泛的操作系统方面。

12.2.2　虚拟化技术的优势

(1) 更高的资源利用率。虚拟化技术可支持实现物理资源和资源池的动态共享,提高资源利用率,特别是针对那些平均需求远低于需要为其提供专用资源的不同负载。

(2) 降低管理成本。虚拟化技术可通过以下途径提高工作人员的效率: 减少必须进行管理的物理资源的数量;隐藏物理资源的部分复杂性;通过实现自动化、获得更好的信息和实现中央管理来简化公共管理任务;实现负载管理自动化。另外,虚拟化技术还可以支持在多个平台上使用公共的工具。

(3) 提高使用灵活性。通过虚拟化技术可实现动态的资源部署和重配置,满足不断变化的业务需求。

(4) 提高安全性。虚拟化技术可实现较简单的共享机制无法实现的隔离和划分,这些特性可实现对数据和服务进行可控和安全的访问。

(5) 更高的可用性。虚拟化技术可在不影响用户的情况下对物理资源进行删除、升级或改变。

(6) 更高的可扩展性。根据不同的产品,资源分区和汇聚可支持实现比个体物理资源小得多或大得多的虚拟资源,这意味着我们可以在不改变物理资源配置的情况下进行规模调整。

(7) 互操作性和投资保护。虚拟资源可提供底层物理资源无法提供的与各种接口和协议的兼容性。

(8) 改进资源供应。与个体物理资源单位相比,虚拟化技术能够以更小的单位进行资源分配。

12.2.3　Hyper-V

Hyper-V 是微软提出的一种系统管理程序虚拟化技术,能够实现桌面虚拟化。同时也是 Windows Server 2022 中的一个功能组件,它提供了一个基本的虚拟化平台,并提供了各种虚拟化服务。

Hyper-V 的系统要求如下。

(1) Intel 或者 AMD 64 位处理器。

(2) Windows Server 2008 R2 及以上(服务器操作系统),Windows 7 及以上(桌面操作系统)。

（3）硬件辅助虚拟化。Intel/AMD 等硬件厂商通过对部分全虚拟化和半虚拟化使用到的软件技术进行硬件化来提高性能。硬件辅助虚拟化技术常用于优化全虚拟化和半虚拟化产品，最著名的例子莫过于 VMware Workstation。现在市面上的主流全虚拟化和半虚拟化产品都支持硬件辅助虚拟化，包括 VirtualBox，KVM，VMware ESX 和 Xen。

（4）CPU 必须具备硬件的数据执行保护（Data Execution Prevention，DEP）功能，而且该功能必须启动。

（5）内存最小为 4GB。

Hyper-V 的优势如下。

（1）安全多租户。Hyper-V 新增的安全与多租户隔离功能可以确保虚拟机的相互隔离，同一台代理服务器上的虚拟机也可以相互隔离。

（2）灵活的基本架构。在 Hyper-V 中，用户可以利用网络虚拟化功能在虚拟本地区域网络（VLAN）范围内扩展，并能将虚拟机放在任何节点上，无论其 IP 是什么。

（3）扩展性、性能和密度。Hyper-V 提供了全新的虚拟磁盘格式，可支持更大容量，每个虚拟磁盘容量最大可达 64TB，并且通过额外的弹性，使用户对更大规模的负载进行虚拟化。其他新功能还包括：通过资源计量统计并记录物理资源的消耗情况，对卸载数据传输提供支持，并通过强制实施最小宽带需求（包括网络存储需求）来改善服务质量。

（4）高可用性。仅扩展和正常运行远远不够，还需确保虚拟机随时需要随时可用。Hyper-V 提供各种高可用性选项，其中包括简单的增量备份支持，通过对群集环境进行改进使其支持最多 4000 台虚拟机，并实时迁移，以及使用 BitLocker 驱动器加密技术进行加密。用户还可以使用 Hyper-V 复制，该技术可将虚拟机复制到指定的离场位置，并在主站点遇到故障后实现故障转移。

12.3 项目过程

12.3.1 任务 1 虚拟化服务的安装

❄ 任务分析

根据项目背景得知如下需求：五桂山公司将在原企业内网的基础上配置一台新的高性能服务器（IP：10.6.64.8/24）来做虚拟化服务。接下来，将在此服务器上安装虚拟化服务功能来满足该需求。

❄ 任务实施过程

（1）打开【服务器管理器】，单击【添加角色和功能】按钮，进入【添加角色和功能向导】，单击【下一步】按钮。

（2）选择【基于角色或基于功能的安装】，单击【下一步】按钮。

（3）在【服务器角色】中，选择 Hyper-V，自动弹出【添加 Hyper-V 所需的功能】对话框，单击【添加功能】按钮，如图 12-2 所示。

（4）在【功能】界面中，连续单击【下一步】按钮 2 次。

（5）在【创建虚拟交换机】界面中，选中以太网复选框，以便支持网络通信，单击【下一步】，如图 12-3 所示。

图 12-2　添加 Hyper-V 功能

图 12-3　创建虚拟交换机

（6）为了后面的迁移任务能够正常完成，需要选中【允许此服务器发送和接收虚拟机的实时迁移】复选框，并且选择合适的身份验证协议，如图 12-4 所示。

（7）选择合适的存储位置等，并进行安装前功能的确认，单击【安装】按钮直到完成，完成安装后需要重新启动系统，Hyper-V 服务才能正常启动。

图 12-4 虚拟机迁移

12.3.2 任务 2 虚拟化服务器中安装虚拟机

❋ 任务分析

为了实现公司虚拟化服务的要求,需要在这台高性能服务器上安装虚拟主机并部署相关服务,以尽快让员工熟悉 Windows Server 2022 虚拟化的部署与应用,同时也可以考察虚拟化部署的可行性和可靠性。

这里是模拟环境,我们选择用 Windows 10 和 Windows Server 2019 作为虚拟机里面的虚拟主机系统。

❋ 任务实施过程

(1) 打开【Hyper-V 管理器】,选中服务器名称右击,在弹出的快捷菜单中选择【新建】→【虚拟机】选项,开始新建虚拟机,如图 12-5 所示。

(2) 在【新建虚拟机向导】对话框中,如果单击【完成】按钮将按照默认配置来新建虚拟机,如果单击【下一步】按钮将创建自定义的虚拟机,如图 12-6 所示。

(3) 输入指定的名称和安装位置,单击【下一步】按钮,如图 12-7 所示。

(4) 在分配内存界面中,根据实际的情况输入合适的内存,单击【下一步】按钮。

(5) 在配置网络界面中,在连接处选择对应的网卡,用来后续系统通信使用,单击【下一步】按钮,如图 12-8 所示。

(6) 在连接虚拟硬盘界面中,根据实际情况配置好虚拟硬盘的名称、位置和大小,单击【下一步】按钮,如图 12-9 所示。

图 12-5　新建虚拟机

图 12-6　新建虚拟机向导

图 12-7　指定名称和位置

图 12-8　配置网络

（7）在安装选项界面中，有 4 种方式供选择，由于已经准备好了系统 ISO 映像文件，我们这里选择【从可启动的 CD/DVD-ROM 安装操作系统】，单击【下一步】，如图 12-10 所示，在弹出界面中，有新建虚拟机的信息描述，单击【完成】按钮，完成虚拟机的创建。

（8）在【Hyper-V 管理器】界面中右击新建的虚拟机，在弹出的菜单中选择【启动】选项来启动虚拟机，如图 12-11 所示。

（9）启动虚拟机后，进入的是 Windows Server 2019 的安装过程，如图 12-12 所示。安装过程较为简单，我们这里就不赘述了。

（10）用与项目 7 相同的方法安装 FTP 等服务器，如图 12-13 所示。

图 12-9 连接虚拟硬盘

图 12-10 安装选项

图 12-11　启动虚拟机

图 12-12　虚拟机的安装过程

图 12-13　安装好的虚拟 Windows Server 2019 主机

12.3.3　任务 3　虚拟化服务器的配置与管理

❋ 任务分析

项目实施小组经常对系统新功能进行测试,测试过程中容易导致系统出现问题,为此需要熟练掌握运用 Hyper-V 的各种功能来管理虚拟化服务器的方法。

❋ 任务实施过程

1. 检查点管理

Windows Server 2022 运用微软 Volume Copy Service 技术,可对 Hyper-V 上运行的虚拟机制作检查点,检查点内容为虚拟机的状态、数据、硬件配置。每一部虚拟机最多可以制作 50 份检查点。

检查点的一个主要途径是让虚拟机回溯到先前状态,在展示以及测试的时候尤其方便。用户在展示中可能会针对一个应用程序,增加数据、删除数据、改变设置,展示后不用再删除设置或者重建环境,通过检查点可以轻松将虚拟机恢复至展示前状态。

虚拟机检查点的另一个主要途径是容错和容灾。在实时网络环境下,一个及时位于错误前的检查点,可以帮助企业快速地将服务器恢复至生产状态,大幅度节省从磁盘恢复所需的宝贵时间。

（1）在为虚拟机首次进行检查点之前，需要设置虚拟机检查点所在文件夹。如果没有对虚拟机检查点进行设置，则虚拟机检查点文件保存在与虚拟机主机文件相同的文件夹中，如图 12-14 所示。

图 12-14　虚拟机检查点文件夹

（2）要为虚拟机建立检查点，先选择要创建检查点的虚拟机，右击，在弹出的快捷菜单中选择【检查点】命令，如图 12-15 所示。

（3）选择【检查点】命令之后系统就对虚拟机进行备份，可以在任务状态中查看检查点创建的进程。创建检查点完成后，检查点会在检查点的任务栏中以树状的形式显示，如图 12-16 所示。

（4）创建检查点完成后，可以对检查点进行设置、应用、重命名、删除等操作。

（5）在恢复指定检查点时，检查点管理程序会弹出【应用检查点】对话框，有 3 个按钮。单击【创建检查点并应用】按钮会把虚拟机当前的状态创新的检查点，然后再恢复到选定的检查点。单击【应用】将不保存当前状态的情况下直接恢复到先前检查点，如果单击【取消】按钮，则不作任何操作，如图 12-17 所示。

图 12-15　虚拟机检查点设置

图 12-16　检查点任务栏

图 12-17　应用检查点

2. 网络管理

Hyper-V 通过模拟一个标准的(ISO/OSI 二层)交换机来支持以下三种虚拟网络。

• 外部虚拟网络

外部虚拟网卡直接与物理网络相连接,使得虚拟机就像一台物理机器,每个虚拟网卡都有自己的 MAC 地址和网络协议,支持 IPv4 和 IPv6 协议。连接到外部虚拟网络的虚拟机通过主机系统中一个虚拟交换机连接物理网卡访问外部网络。虚拟机与物理机的沟通,虚拟机和其他虚拟机的沟通,都可以通过此虚拟交换机或与其连接的外部网络进行。这种类型的网络,建议管理操作系统下面应该有 2 个物理网卡,一个物理网卡用于自身物理网络的通信,一个用于绑定虚拟交换机以便虚拟机通信,如图 12-18 所示。

• 内部虚拟网络

内部虚拟交换机的主要作用是隔离虚拟网络和物理网络,但是可以和管理操作系统进行通信,虚拟机之间互相通信,并且虚拟机能和本机通信。内部虚拟网络是一种未绑定到物理网络适配器的虚拟网络。它通常用来构建从管理操作系统连接到虚拟机所需的测试环境,如图 12-19 所示。

图 12-18　外部虚拟网络　　　　　　　图 12-19　内部虚拟网络

• 专用虚拟网络

仅允许运行在这台物理机上的虚拟机之间互相通信,虚拟机和管理操作系统之间是不能通信的,因此,任何连接到专用虚拟网络的虚拟机也都是隔离的。在希望只允许同一物理服务器上的虚拟机之间进行通信时,可以使用此类型的虚拟网络,如图 12-20 所示。

图 12-20　专用虚拟网络

　　我们这里以构建外部虚拟网络为例,讲解如何配置虚拟机网络。

　　(1)确保外部管理主机有 2 个以上的物理网卡,一个用于本机与其他物理网络通信,一个用于虚拟交换机绑定后通信,如图 12-21 所示。

图 12-21　外部虚拟网络

　　(2)在虚拟机的【虚拟交换机管理器】中新建虚拟交换机,选择类型为【外部】,如图 12-22 所示。

　　(3)输入虚拟交换机的名称,并绑定外部物理网卡,如图 12-23 所示,单击【应用】按钮。

　　(4)在虚拟机中设置好与外部管理主机相同网段的 IP 地址、DNS 等参数,检测网络的连通性。

图 12-22　创建虚拟交换机

图 12-23　绑定物理网卡

12.3.4　任务 4　服务器的实时迁移

❈ 任务分析

五桂山公司要保证服务器的可靠性，管理员要考虑到公司在没有任何共享存储设备的情况和未来有共享存储等情况下，项目小组成员如何运用 Hyper-v 的实时迁移功能，确保服务的连续运行。

目前能够实现的两个实时迁移的方案有以下 2 个。

（1）在一台独立的宿主机上将虚拟机迁移到其他主机，不使用任何共享设备。

（2）将虚拟机保存到网络中的共享存储中，这样就可以在虚拟机的文件保存在共享存储的前提下，在非集群宿主机之间进行实时迁移。

要实现宿主机之间进行实时迁移，前提是要保证宿主机已经加入域，关于域控制器的安装与配置，请读者参考项目 2 的相关内容。

❈ 任务实施过程

1. 无共享环境下的实时迁移

（1）首先要设置约束委派。因为 Hyper-V 实时迁移提供了两种验证通信协议，预设为 CredSSP，另一种是 Kerberos 委派。CredSSP 是指使用凭据安全来提供身份认证，所以不需要进行复杂的设置。如果采用 CredSSP 验证协议，需要登录到服务器才能进行实时迁移。如果使用 Kerberos 委派来验证实时迁移，就需要设置约束委派，而且还必须使用 Domain Administrators 群组成员的账户在 Active Directory 的 Computers 上设置约束委派。

（2）在【AD 用户和计算机】管理单元，Computers 文件夹中找到 Hyper-v 主机，右击，在弹出的快捷菜单中选择【属性】命令，弹出【WGS-1 属性】对话框，如图 12-24 所示。

图 12-24　属性

（3）打开【委派】选项卡，选择【仅信任此计算机来委派指定的服务】单选按钮。在该选项下面，选择【仅使用 Kerberos】。单击【添加】按钮。在弹出的【添加服务】对话框中，单击【用户或计算机】按钮，添加另外一台 Hyper-V 主机，如图 12-25 所示。

图 12-25　添加另一台主机

（4）在【服务类型】下选择 cifs 和 Microsoft Virtual System Migration Service。单击【确定】按钮，保存这些配置，如图 12-26 所示。

图 12-26　添加服务

（5）使用同样的方法，完成 WGS-2 的委派操作。

（6）打开 Hyper-V 管理器，选择 Hyper-V 虚拟主机，在右侧单击【Hyper-V 设置】，打开设置对话框后，选择【实时迁移】，然后选择【启用传入和传出的实时迁移】，身份验证协议选择【使用 Kerberos】，传入的实时迁移选择【使用任何可用的网络进行实时迁移】，如图 12-27所示，使用同样的方法完成 WGS-2 的设置。

（7）打开 WGS-2 主机上的虚拟主机，右击，在弹出的快捷菜单中选择【移动】命令。

（8）出现【移动"WGS-2 上的 DNS 服务器"向导】，单击【下一步】按钮。在【选择移动类型】界面中，选择【移动虚拟机】，单击【下一步】按钮。

（9）在【指定目标计算机】界面中的名称框中输入 WGS-1，必要时可以输入管理员的账号和密码完成名称的检查，如图 12-27 所示。

图 12-27　指定迁移的目标计算机

（10）在【选择移动选项】对话框中，选择【通过选择项目移动位置来移动虚拟机的数据】，这样可以选择存储而不是移动整个虚拟机，如图 12-28 所示。

图 12-28　选择移动选项

（11）在【选择高级选项】中，选择【自动移动虚拟机的数据】，单击【下一步】按钮，并最后单击【完成】按钮。就可以执行虚拟机的迁移了，如图12-29所示。

图 12-29　无共享存储实时迁移

（12）迁移完成，可以发现 WGS-2 上的 DNS 服务器已迁移到 WGS-1 上运行，在整个迁移过程中，我们可以使用 ping 命令测试迁移中服务器的网络连通情况，如图 12-30 和图 12-31所示。

图 12-30　迁移过程服务器的连通性

图 12-31　迁移到 WGS-1 上运行

2. 基于 SMB 共享的实时迁移

Hyper-V 支持无共享的实时迁移,也支持基于共享的实时迁移,Windows Server 2022 有 iSCSI 和 SMB 技术的共享存储,将 Hyper-V 环境虚拟机中的所有文件,包括虚拟机的配置文件、快照文件和磁盘文件以共享的方式进行存储和使用。这里主要介绍使用 SMB 技术来实现共享存储的虚拟机迁移技术。

本项目将通过三台服务器进行测试,服务器 WGS-1 和 WGS-2 为 Hyper-V 管理主机,服务器 WGS-3 为 SMB 共享服务器,作为虚拟机存储位置。

(1) 关于利用 SMB 技术来实现共享存储,我们在项目 5 中进行了详细的介绍,读者可以参考相关内容(5.3.2 节),了解文件服务器的安装配置和过程。

(2) 打开文件服务器【新建共享向导】,可以选择配置文件的共享方式,我们这里选择【SMB 共享-应用程序】,单击【下一步】按钮,如图 12-32 所示。

(3)【共享位置】中,选择自己定义的文件夹路径。单击【下一步】按钮。【共享设置】和【其他设置】保持默认选项,如图 12-33 所示。

(4) 在【权限】选项卡中,选择自定义权限,添加 Hyper-V 服务器对这个共享文件夹的权限,单击【添加】按钮,如图 12-34 所示。

(5) 在打开的界面中,单击【选择主体】;在弹出的对话框中单击【选择此对象类型】之后的【对象类型】按钮;在弹出的【对象类型】对话框中,选择【计算机】复选框,再单击【确定】按钮,如图 12-35 所示。

图 12-32　选择共享方式

图 12-33　自定义共享路径

（6）添加 Hyper-V 服务器，并设置完全控制权限。单击【确定】按钮，如图 12-36 所示。

（7）在确认界面中，单击【创建】按钮，完成共享文件夹的创建。接下来就可以在 Hyper-V 服务器上利用此共享文件夹来存储新建的虚拟主机。将【新建虚拟机向导】安装位置选择的框中设定为 SMB 共享文件夹，如图 12-37 所示。

（8）安装虚拟机的内存、网络等配置和前面介绍的相同。完成虚拟机的新建向导，如图 12-38 所示。

图 12-34　自定义权限

图 12-35　对象类型

图 12-36　自定义完全控制权限

图 12-37　虚拟机位置选择

（9）虚拟机设置完成后，通过 Hyper-V 管理器启动及连接，进行系统的安装。

（10）安装好服务器系统，需要与无共享实时迁移一样在 AD 用户和计算机中设置好账号属性中的权限委派，在 Hyper-V 管理器中【启用传入和传出的实时迁移】。进行了服务的

图 12-38 完成新建虚拟机向导

部署后,通过 Hyper-V 管理器选定这台要迁移的虚拟主机,右击,在弹出的快捷菜单中选择【移动】命令,打开移动向导。

(11) 在【选择移动类型】对话框中,选择【移动虚拟机】,单击【下一步】按钮。在【指定目标】对话框中,通过【浏览】按钮选定要移动到的目标虚拟服务器 WGS-1,单击【下一步】按钮。

(12) 在【选择移动选项】对话框中,由于虚拟服务器的虚拟硬盘位于 SMB 共享存储中,所以选择【仅移动虚拟机】,如图 12-39 所示,单击【下一步】按钮。

图 12-39 移动选项

（13）其他操作与基于无共享存储类似,在整个迁移过程中,如图 12-40 所示,我们可以在使用虚拟服务的客户机测试网络的连通性。如图 12-41 所示,可以看出在整个迁移过程网络没有出现断开,保证了服务的连通性。

图 12-40　SMB 共享迁移

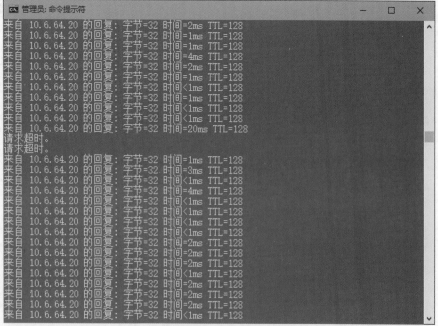

图 12-41　迁移过程中网络的连通性

12.4　项目总结

常见问题 1：正常情况下 VMware Workstation 中的 Windows Server 2022 是无法启用 Hyper-V 功能的，会出现以下错误，我们需要修改一下配置文件才能正常安装，如图 12-42 所示。

图 12-42　安装错误

解决方法：

在 VMware 中安装好 Windows Server 2022 系统，未启动电源之前，需要从【VMware 设置】开启支持虚拟化选项，如图 12-43 所示。

图 12-43　开启虚拟化

常见问题 2：Hyper-V 虚拟机实时迁移产生的错误提示一，如图 12-44 所示。

解决方法：

（1）检查需要迁移的虚拟机和最终迁移的目标主机 Hyper-V 上的虚拟机是否有冲突。

图 12-44　虚拟机实时迁移错误提示一

（2）检查一下 AD 域上【用户和计算机】里的【Computers】目录下，各主机的【委派】设置是否正确，如图 12-45 所示。

图 12-45　属性设置

常见问题 3：无法通过 SMB 共享文件夹创建虚拟机，错误提示【无法新建虚拟机】，如图 12-46 所示。

图 12-46　无法新建虚拟机

解决办法：

（1）Hyper-V 服务器与 SMB 服务器网络不能互通，可通过 ping 命令进行服务器之间的连通性测试。

（2）检查 SMB 服务器的共享文件夹对应的 Hyper-V 权限授权设置是否正确。

常见问题 4：在通过 SMB 共享文件实时迁移虚拟机时，遇到错误提示"Hyper-V 无法使用……来存储虚拟机配置文件……"，如图 12-47 所示。

图 12-47　通过 SMB 实时迁移服务器错误提示

解决办法：与常见问题 3 的解决办法一致。

12.5　课后习题

一、填空题

1. 虚拟化是一种_____技术。

2. 现在市面上的主流全虚拟化和半虚拟化产品都支持硬件辅助虚拟化，包括

_____、_____、_____和_____。

3. Hyper-V 通过模拟一个标准的（ISO/OSI 二层）交换机来支持三种虚拟网络 _____、_____和_____。

4. Hyper-V 是微软提出的一种_____技术。

5. 虚拟机快照一个主要途径是让虚拟机回溯到先前状态，另一个主要途径是_____和_____。

6. 对群集环境进行改进使其支持最多_____台虚拟机，并实时迁移，以及使用_____技术进行加密。

二、简答题

1. 虚拟化技术有哪些优势？

2. Hyper-V 与 VMware Workstation 等其他虚拟软件相比，优势有哪些？

3. Hyper-V 对系统有哪些要求？

4 虚拟化技术、多任务以及超线程技术有什么不同？

5. 目前能够实现的两个实时迁移的方案有哪些？

三、实训题

某服务器外租公司运行着大量的业务服务器供全球范围内的客户使用，目前由于业务的快速发展，需要升级现有业务模型和服务器性能，在确保现有业务不中断的情况下，如果你是该公司的网络工程师，你该选用什么技术和方案来进行规划和设计？

参 考 文 献

[1] 刘邦桂.服务器配置与管理——Windows Server 2012[M].北京：清华大学出版社,2017.

[2] 王少炳,张文库,赖恩和.Windows Server 2012 R2 系统管理与服务器配置[M].北京：电子工业出版社,2023.

[3] 黄君羡,李琳,简碧园.Windows Server 2019 网络服务器配置与管理[M].北京：电子工业出版社,2022.

[4] 贾兴东,等.云计算综合运维管理[M].北京：高等教育出版社,2018.

[5] 张恒杰,等.Windows Server 2019 网络服务器配置与管理[M].北京：清华大学出版社,2021.

[6] 陈学平,等.网络操作系统 Windows Server 2016 配置与管理[M].北京：中国铁道出版社,2022.

[7] 江学斌,等.Windows Server 2019 系统管理与服务器配置[M].北京：电子工业出版社,2022.

[8] 傅伟,等.网络服务器配置与管理 Windows Server 2012 R2 篇[M].北京：人民邮电出版社,2021.

[9] 刘邦桂,等.网络服务器配置与管理：Red Hat Linux 7[M].北京：清华大学出版社,2021.

[10] 兰雨晴.麒麟操作系统应用与实践[M].北京：电子工业出版社,2021.

图书资源支持

感谢您一直以来对清华版图书的支持和爱护。为了配合本书的使用，本书提供配套的资源，有需求的读者请扫描下方的"书圈"微信公众号二维码，在图书专区下载，也可以拨打电话或发送电子邮件咨询。

如果您在使用本书的过程中遇到了什么问题，或者有相关图书出版计划，也请您发邮件告诉我们，以便我们更好地为您服务。

我们的联系方式：

清华大学出版社计算机与信息分社网站：https://www.shuimushuhui.com/

地　　址：北京市海淀区双清路学研大厦 A 座 714

邮　　编：100084

电　　话：010-83470236　010-83470237

客服邮箱：2301891038@qq.com

QQ：2301891038（请写明您的单位和姓名）

资源下载：关注公众号"书圈"下载配套资源。

资源下载、样书申请

书圈

图书案例

清华计算机学堂

观看课程直播